建筑工程入门之路丛书

建筑工程测量实例教程

秦 柏 刘安业 主编

机械工业出版社

本书在内容上注意概念的准确、方法的简单和实用，基本理论以必需、够用为度，着重介绍建筑工程施工一线的工程技术，突出实用性。主要内容包括概述，水准测量，角度测量，距离测量与直线定向，测距仪测量技术，测量误差基本知识，小区域控制测量，大比例尺地形图测绘及应用，施工测量的基本工作等。

本书可作为相关专业高等院校、高职高专院校师生参考用书，也可作为工程技术人员及施工人员参考用书。

图书在版编目（CIP）数据

建筑工程测量实例教程/秦柏，刘安业主编 . —北京：机械工业出版社，2012.9

（建筑工程入门之路丛书）

ISBN 978 - 7 - 111 - 39785 - 4

Ⅰ. ①建… Ⅱ. ①秦… ②刘… Ⅲ. ①建筑测量 - 教材 Ⅳ. ①TU198

中国版本图书馆 CIP 数据核字（2012）第 222400 号

机械工业出版社（北京市百万庄大街 22 号 邮政编码 100037）
策划编辑：范秋涛 责任编辑：范秋涛
版式设计：霍永明 责任校对：卢惠英
封面设计：陈 沛 责任印制：乔 宇
北京汇林印务有限公司印刷
2012 年 11 月第 1 版第 1 次印刷
140mm × 203mm · 7.75 印张 · 206 千字
标准书号：ISBN 978 - 7 - 111 - 39785 - 4
定价：29.80 元

前　　言

在测绘界，人们把工程建设中的所有测绘工作统称为工程测量。实际上它包括在工程建设勘测、设计、施工和管理阶段所进行的各种测量工作。它是直接为各项建设项目的勘测、设计、施工、安装、竣工、监测以及营运管理等一系列工程工序服务的。可以这样说，没有测量工作为工程建设提供数据和图样，并及时与之配合和进行指导，任何工程建设都无法进展和完成。

本书在内容上注意概念的准确、方法的简单和实用，基本理论以必需、够用为度，着重介绍建筑工程施工一线的工程技术，突出实用性。

本书由哈尔滨理工大学秦柏副教授、哈尔滨工业大学刘安业博士主编，黑龙江省能源与环境研究院周红霞参与编写，参编人员还有金滨华、于文静、齐浩岩、王雪松、张平、邢克江。感谢哈尔滨工业大学裴玉龙教授为本书提出了宝贵的修改意见；同时感谢黑龙江省收费公路管理局马向东处长为本书的编撰提出的许多新颖建议；机械工业出版社为本书的出版更是满腔热忱予以支持，为本书的修改和完善花费了大量的心血，在此我们表示诚挚的敬意和深深的谢意。

由于编者水平有限，对于书中的缺点和错误之处，请读者不吝赐教！

目　　录

导　　言

　　在测绘界，人们把工程建设中的所有测绘工作统称为工程测量（engineering survey）。实际上它包括在工程建设勘测、设计、施工和管理阶段所进行的各种测量工作。它是直接为各项建设项目的勘测、设计、施工、安装、竣工、监测以及营运管理等一系列工程工序服务的。可以这样说，没有测量工作为工程建设提供数据和图样，并及时与之配合和进行指导，任何工程建设都无法进展和完成。

第 1 章 概 述

测量学是一门研究地球的形状、大小以及确定地球表面点位关系的综合性学科，而建筑工程测量是测量学的一个重要组成部分，它是研究建筑工程在勘测设计、施工和管理阶段各个测量工作的方法的学科。

本章将讲述工程测量的概念、工程测量的基本任务、作用，测量基准面、基准线的定义及作用。认识测量工作中的平面坐标系及高程系，了解地面点的确定方法及基本测量工作方法。

1.1 测量学在建筑工程中的应用

1.1.1 工程测量在建筑工程中的内容与任务

测量学主要包括测定和测设两个部分。

测定又称测图，是指使用测量仪器和工具，用一定的测绘程序和方法将地面上局部区域的各种固定性物体以及地貌，按一定的比例尺和特定的图例符号缩绘成地形图。

测设又称放样，是指使用测量仪器和工具，按照设计要求，采用一定的方法，将图样上设计好的工程建筑物、构筑物的平面位置和高程标定到施工作业面上，为施工提供正确依据，指导施工。因为放样是直接为施工服务的，故通常称为"施工放样"。放样是测图的逆过程，测图是将实物描绘在图样上，而放样则是将设计图上的点位测设到地面的过程。测图与放样的关系如图1-1 所示。

建筑测量在各种建筑工程中得到广泛的应用。例如：在工程勘测阶段为规划设计提供各种比例尺的地形图和测绘资料。在工

图 1-1　测图与放样的关系

程设计阶段，应用地形图进行总体规划和设计。在工程施工阶段，要进行建筑物、构筑物的定位，放线测量：在施工过程中的土方开挖、基础工程和主体砌筑中的施工测量、构件的安装测量以及在工程施工阶段中为衔接各工序的交换，鉴定工程质量而进行的检查，校核测量。竣工后的竣工测量、施测竣工图可供日后扩建和维修之用。在工程运营阶段，对某些特殊要求的建筑物和构筑物的安全性和稳定性所进行的变形观测，以保证工程的安全使用。

1.1.2　工程测量常用的仪器

工程测量常用仪器见表 1-1。

表 1-1　工程测量常用仪器

序号	1	2	3
名称	经纬仪	水准仪	全站仪

为保证测量数据的精准与精确，在工程测量过程中将会用到许多仪器，并且对测量数据的不同需要，所采用的工具也不相同，比较常见的有经纬仪、准直（铅直）仪、水准仪、全站仪等。

1. 经纬仪

经纬仪是测量角度的仪器（如图 1-2 所示），兼有其他测量功能。根据测角精度的不同，我国的经纬仪系列分为 DJ_{07}、DJ_1、DJ_2、DJ_6、DJ_{15} 等几个等级，D 和 J 分别是大地和经纬仪的意思，数字则用来表示测角的精度。

图 1-2　DJ₆ 光学经纬仪实物图

如图 1-3 所示为一种 DJ₆ 光学经纬仪，图 1-4 所示为一种 DJ₂ 光学经纬仪。它们的整体构造由三部分组成：照准部、水平度盘、基座。

（1）照准部　照准部上有望远镜、横轴、支架、竖轴、水准管、水平制微动、竖直制微动及读数装置等。

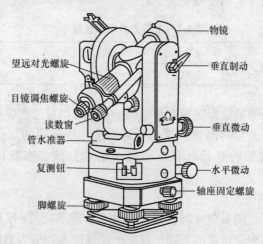

图 1-3　DJ₆ 光学经纬仪外形示意图

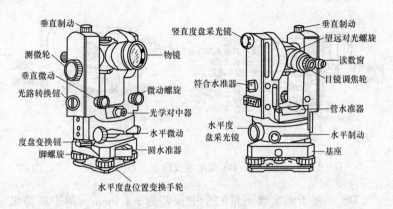

图 1-4　DJ₂光学经纬仪外形示意图

（2）水平度盘　水平度盘是玻璃制成的圆环，在其上刻有分划，从 0°~360°，顺时针方向注记，用来测量水平角。度盘轴套套在竖轴轴套的外面，绕轴套旋转。在水平度盘下方的度盘轴套上，有些仪器装有金属圆盘，用于复测，称为复测盘。

（3）基座　基座用来支承整个仪器，并借助中心螺旋使经纬仪与脚架结合。其上有三个脚螺旋，用来整平仪器。竖轴轴套与基座连在一起。轴座连接螺旋拧紧后，可将照准部固定在基座上，使用仪器时，切勿松动该螺旋，以免照准部与基座分离而坠落。

在此，只简单介绍经纬仪的构成，详细的使用方法见本书第 2 章。

2. 水准仪

水准仪是水准测量的主要仪器，根据水准测量原理，它的主要作用是提供一条水平视线，并能照准水准尺进行读数。因此，水准仪主要由望远镜、水准器和基座三部分构成。如图 1-5 所示为我国生产的 DS₃型水准仪。

常用水准仪如下：

DS₀.₅：每千米水准测量的全中误差为 ±0.5mm，用于高等级水准测量。

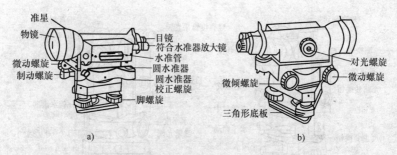

图 1-5 DS$_3$型水准仪构造示意图

DS$_1$：每千米水准测量的全中误差为 ±1.0mm，用于高等级水准测量。

DS$_3$：每千米水准测量的全中误差为 ±3.0mm，用于一般工程测量和地形测量。

DS$_{10}$：每千米水准测量的全中误差为 ±10.0mm，用于一般工程测量和地形测量。

S$_3$型和S$_{10}$型水准仪称为普通水准仪，用于国家三、四等水准及普通水准测量，S$_{0.5}$型和S$_1$型水准仪称为精密水准仪，用于国家一、二等精密水准测量。随着科学技术的发展，自动安平仪也已普遍用于水准测量，将在第 2 章讲述。

（1）照准部 照准部由望远镜、水准器（圆水准器和水准管）和控制螺旋（制动螺旋、微动螺旋和微倾螺旋）等组成，能绕水准仪的竖轴在水平面内做全圆旋转。望远镜的作用是照准和提供一条水平线（视准轴），并在水准尺上读数，构造如图 1-6 所示。

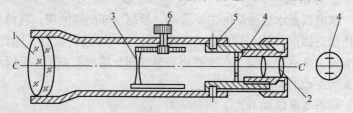

图 1-6 照准部构造

1—物镜 2—目镜 3—调焦透镜 4—十字丝分划板 5—连接螺钉 6—调焦螺旋

（2）水准器　照准部上有两个水准器，一个是圆水准器，其水准管轴与竖轴平行，水准器格值 8′/2mm，另一个管水准器（又称水准管），格值为 20″/2mm，用于视准轴精密置平（符合水准器）。如图 1-7 a 所示，当气泡两端一致时，表明气泡居中，如图 1-7b 所示，各半个影像错开时，表明气泡未居中。

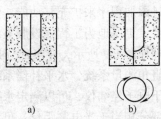

a)　　　　　b)

图 1-7　水准器

（3）基座　基座主要由轴座、三个脚螺旋和连接板组成。仪器上部通过竖轴插入轴座内。在基座连接板的中央有一个圆形螺旋孔，用来连接螺旋，使水准仪和三脚架相连。

3. 全站仪

全站仪，是全站型电子速测仪的简称，它由光电测距仪、电子经纬仪和数据处理系统组成（如图 1-8 所示）。它是通过测量斜距、竖起角度、水平角，自动计算平距、高差、高程及坐标值等，并可以进一步进行距离、角度、坐标放样等。通过内置的程序功能，还可以实现悬高、偏心测量、面积测量甚至公路中线测量等。

全站仪按结构一般分为分体式（或积木式）和整体式两类。分体式全站仪的照准头和电子经纬仪不是一个整体，进行作业时将照准头安装在电子经纬仪上，作业结束后卸下来分开装箱；整体式全站仪是分体式全站仪的进一步发展，照准头与电子经纬仪的望远镜结合在一起，形成一个

图 1-8　全站仪

整体，使用起来更加方便。

按数据存储方式分类，全站仪可分为内存型与计算机型。内存型全站仪所有程序固化在存储器中，不能添加或改写，也就是说只能使用全站仪提供的功能，无法扩充；而计算机型全站仪则内置 Microsoft、DOS 等操作系统，所有程序均运行于其上，可以根据实际需要，通过添加程序来扩充其功能，使操作者进一步成为全站仪开发设计者，更好地为工程建设服务。

全站仪结构原理如图 1-9 所示，左半部分是四大光电测量系统，既水平角、竖直角测量系统，水平补偿系统和测距系统。该系统测角部分相当于电子经纬仪，可以测定水平角、竖直角，并设置方位角；测距部分相当于光电测距仪，可测量仪器与目标点之间的斜距，进而计算平距及高差；测距部分的测量内容通过总线传递至数字处理机的微处理器进行数据处理。图 1-9 所示的右半部分，主要由中央处理单元（CPU）、存储器、输入/输出设备 I/O 组成，是全站仪进行数据处理的核心部件，其主要功能是根据键盘指令起动仪器进行测量工作，执行测量过程的数据的传输、处理、显示及存储等工作，保证光电测量及数据处理工作有条不紊地进行。输入/输出部分包括键盘、显示器及数据接口。从键盘可输入操作指令、数据并进行参数设置；显示器则可以显示当前仪器的工作准确状态、工作模式、观测数据及运算结果；数据接口使全站仪可以向磁卡、磁盘、计算机相连通信，进行数据交换。为便于测量人员设计软件系统、处理某种目的测量成果，在全站仪的数字计算机中还提供有程序存储器。

全站仪已越来越为世界上许多著名厂商生产的重要测量产品之一。常见的全站仪有日本索佳（SOKKIA）SET 系列、拓普康（TOPOCON）GTS 系列、尼康（NI‑KON）DTM 系列、瑞士莱卡（LEICA）TPS 系列，以及我国的 NTS 和 ETD 系列。随着计算机技术的不断发展与应用，以及为满足用户的特殊要求，出现了带内存、防水型、防爆型、计算机型、电动机驱动型等各种类型的全站仪；有的全站仪还具有免棱镜测量功能，有的全站仪还

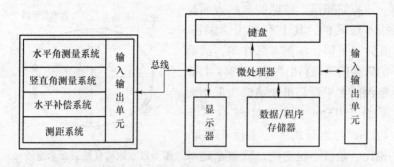

图1-9　全站仪结构原理图

具有自动追踪照准功能，被喻为测量机器人。另外，有的厂家将CaPS接收机与全站仪进行集成，生产出了GPS全站仪，使得这一最常规的测量仪器越来越能满足各项测绘工作的需求。

1.2　测量的基本知识

1.2.1　地面点位的确定

测量学有其理论基础和知识体系，如在自然地球表面如何确定点位，并用数学公式计算，但是实际应用中只能采用近似的、理论的方法和做法确定地面点位的位置。

1. 地球自然表面转化成平面的过程

地球自然表面转化平面的过程如图1-10所示。

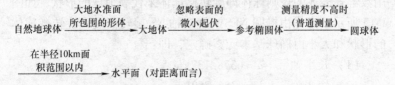

图1-10　地球自然表面转化平面的过程

我们知道，地球的自然表面是
很不规则的，其上有高山、深谷、
丘陵、平原、江湖、海洋等，最高
的珠穆朗玛峰高出海平面 8844.43m，
最深的太平洋马里亚纳海沟低于海
平面 11022m，其相对高差不足
20km，与地球的平均半径 6371km
相比，是微不足道的。就整个地球

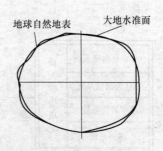

图 1-11　地球自然表面示意图

表面而言，陆地面积仅占 29%，而
海洋面积占了 71%。因此，可以设想地球的整体形状是被海水
所包围的球体，即设想将一静止的海洋面扩展延伸，使其穿过陆
地和岛屿，形成一个封闭的曲面，如图 1-11 所示。

　　静止的海水面称为水准面。由于海水受潮汐、风浪等影响会
时高时低，所以水准面有无穷个，其中与平均海水面相吻合的水
准面称为大地水准面，由大地水准面所包围的形体称为大地体。
通常用大地体来代表地球的真实形状和大小。

　　水准面的特性是处处与铅垂线相垂直。同一水准面上各点的
重力位相等，故又将水准面称为重力等位面，它具有几何意义及
物理意义。水准面和铅垂线就是实际测量工作所依据的面和线。

　　由于地球内部质量分布不均匀，致使地面上各点的铅垂线方
向产生不规则变化，所以，大地水准面是一个不规则的无法用数
学式表述的曲面，在这样的曲面上是无法进行测量数据的计算及
处理的。因此人们进一步设想，用一个与大地体非常接近的又能
用数学式表述的规则球体即旋转椭球体来代表地球的形状，如图
1-12 所示。它是由椭圆 NESW 绕短轴 NS 旋转而成，旋转椭球体
的形状和大小由椭球基本元素确定，即：

　　（1）长半轴　　　$a = 6378.137$km。

　　（2）短半轴　　　$b = 6356.752$km。

　　（3）扁率　　　　$\alpha = \dfrac{a-b}{\alpha} \approx 1/298.257$。

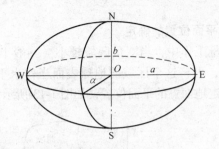

图 1-12　旋转椭球体示意图

　　某一国家或地区为处理测量成果而采用与大地体的形状大小最接近，又适合本国或本地区要求的旋转椭球体，这样的椭球体称为参考椭球体。确定参考椭球体与大地体之间的相对位置关系，称为椭球体定位。参考椭球体面只具有几何意义而无物理意义，它是严格意义上的测量计算基准面。

　　表 1-2 列出了几个世界常用的椭球体。我国的 1954 年北京坐标系采用的是克拉索夫斯基椭球，1980 年国家大地坐标系采用的是1975 国际椭球，而全球定位系统（GPS）采用的是 WGS–84 椭球。由于参考椭球的扁率很小，在小区域的普通测量中可将地（椭）球看作圆球，其半径 $R = (\alpha + a + b)/3 = 6371\text{km}$。

表 1-2　世界常用的椭球体

椭球名称	长半轴 a/m	短半轴 b/m	扁率 α	计算年代和国家	备注
贝塞尔	6377397	6356079	1:299.152	1841 德国	
海福特	6378388	6356912	1:297.0	1910 美国	1942 年国际第一个推荐值
克拉索夫斯基	6378245	6356863	1:298.3	1940 前苏联	中国 1954 年北京坐标系采用
1975 国际椭球	6378140	6356755	1:298.257	1975 国际第三个推荐值	中国 1980 年国家大地坐标系采用
WCS—84	6378137	6356752	1:298.257	1979 国际第四个推荐值	美国 GPS 采用

2. 地面点平面位置的确定

在普通测量工作中，当测量区域较小（一般半径不大于 10 km 的面积内），可将这个区域的地球表面当作水平面，用平面直角坐标来确定地面点的平面位置，如图 1-13 所示。

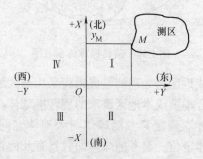

图 1-13　测区的平面位置示意图

测量平面直角坐标规定纵坐标为 X，向北为正，向南为负；横坐标为 Y，向东为正，向西为负；地面上某点 M 的位置可用 x_M 和 y_M 来表示。平面直角华标系的原点 O，一般选在测区的西南角，使测区内所有点的坐标均为正值。象限从北东开始按顺时针方向依次为 I、II、III、IV 排列，与数学坐标的区别在于坐标轴互换，象限顺序相反，其目的是便于将数学中的公式直接应用到测量计算中而不需做任何变更。

在大地测量和地图制图中要用到大地坐标。用大地经度 L 和大地纬度 B 表示地面点在旋转椭圆球面上的位置，称为大地地理坐标，简称大地坐标。如图 1-14 所示，地面上任意点 P 的大地经度 L 是该点的子午面与首子午面所夹的两面角；P 点大地纬度 B 是过该点的法线（与旋转椭球相垂直的线）与赤道面的夹角。

大地经纬度是根据大地测量所测得的数据推算而得出的。我国现采用陕西省泾阳县境内的国家大地原点为起算点，由此建立新的统一坐系，称为"1980 年国家大地坐标系"。

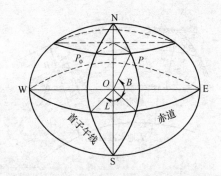

图 1-14　大地坐标示意图

1.2.2　地面点高程位置的确定

从前面知道，地球上自由静止的水面称为水准面，它是个处处与重力方向垂立的连续曲面。与水准面相切的平面称为水平面。同时，还了解了大地水准面的概念。

我国在青岛现象山验潮站 1952 ~1979 年验潮资料确定的黄河平均海水面作为起算高程的基准面，称为"1985 年国家高程基准"。以该大地水准面为起算面，其高程为零。为了便于观测和使用，在青岛建立了我国的水准原点（国家高程控制网的起算点），其高程为 72.260m，全国各地的高程都以它为基准进行测算。在测量中以大地水准面为测量的基准面，又由于地面点的铅垂线与水准线相垂直，铅垂线又是容易确定的，因而地面点的铅垂线便作为测量的基准线。

地面点到大地水准面的铅垂距离，称为该点的绝对高程，也称海拔或标高，如图 1-15 所示，H_A、H_B 即为地面点 A、B 的绝对高程。

当在局部地区引用绝对高程有困难时，可采用假定高程系统，即假定任意水准面为起算高程的基准面。地面点到假定水准面的铅垂距离，称为地面点的相对高程。如图 1-15 所示，H_A'、H_B' 即为地面点 A、B 的相对高程。

在建筑施工测量中，常选定底层室内地坪面为该工程地面点

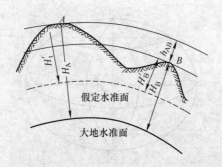

图 1-15 绝对高程、相对高程与大地水准面

高程起算的基准面，记为（±0.000）。建筑物某部位的标高，
是指某部位的相对高程，即某部位距底层室内地坪（±0.000）
的垂直间距。

　　两个地面点之间的高程差称为高差，用 h 表示。$h_{AB} = H_B - H_A = H_B' - H_A'$。由此看出，高差的大小与高程的起算面无关。

　　在测量中，当测区范围很小时才允许用水平面代替水准面。
那么究竟在测量范围多大时，可用水平面代替水准面呢?

　　如图 1-16 所示，A、B 两点在水准面上的距离为 D，在水平
面上的距离为 D'，则 ΔD（$\Delta D = D' - D$）是用水平面代替水准面
后对距离的影响值。它们与地球半径 R 的关系为

$$\Delta D = \frac{D'}{3R^2} \text{ 或 } \frac{\Delta D}{D} = \frac{D^2}{3R^2}$$

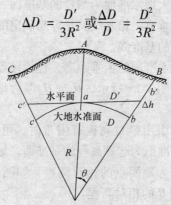

图 1-16 水平面代替水准面对距离的影响示意图

根据地球半径 $R = 6371\text{km}$ 及不同的距离 D 值，代入上述公式中，得到表1-3所列的结果。由表1-3可见，当 $D = 10\text{km}$，所产生的相对误差为 $1:1250000$。目前最精密的距离丈量时的相对误差为 $1:1000000$。因此，可以得出结论：在半径为10km的圆面积内进行距离测量，可以用水平面代替水准面，不考虑地球曲率对距离的影响。

表1-3 误差对照表

D/km	$\Delta D/\text{cm}$	$\Delta D/D$
10	0.8	$1:1\ 250\ 000$
20	6.6	$1:300\ 000$
50	102	$1:49\ 000$

其次如果在测量中用水平面代替了水准面，对高程影响怎样？

由图1-16知道，$\Delta h = Bb - b'B$，这是用水平面代替水准面后对高程的测量影响值。其值为 $\Delta h = \dfrac{D^2}{2R}$，用不同的距离代入上式中，得到表1-4所列结果。

表1-4 不同距离产生的高程误差

D/km	0.2	0.5	1	2	3	4	5
$\Delta h/\text{cm}$	0.31	2	8	31	37	125	196

从表1-4可以看出，用水平面代替水准面，在距离1km内就有8cm的高程误差。由此可见，地球曲率对高程的影响很大。在高程测量中，即使距离很短，也要考虑地球曲率对高程的影响。实际测量中，应该通过改正计算或采用正确的观测方法来消除地球曲率对高程测量的影响。

1.2.3 确定地面点位的三要素

经过前面的讲解知道，地面点的空间位置是由地面点在投影平面上的坐标 X、Y 和高程 H 决定的。在实际的测量中，X、Y 和 H 的值不能直接测定，而是通过测定水平角 β_a，β_b，…，水平距离 D_1，D_2，…以及各点间的高差 h，再根据已知点 A 的坐标、高程和 AB 边的方位角计算出 B、C、D、E 各点的坐标和高程（图 1-17）。

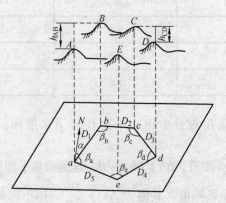

图 1-17　确定地面点位三要素示意图

由此可见，水平距离、水平角和高程是确定地面点位的三个基本要素。水平距离测量、水平角测量和高差测量是测量的三项基本工作。

1.2.4 测量工作的原则和程序

地球表面的各种形态很复杂，可以分为地物和地貌两大类，地球表面的固定性物体称为地物，如房屋、公路、桥梁、河流等，地面上高低起伏的形态称为地貌，如山峰、谷地等。地物与地貌统称为地形。测量的任务就是要测定地形的位置并把它们测绘在图纸上。地物和地貌的形状和大小都是由一些特征点的位置所决定的，这些特征点又称为碎部点。

测量时，主要就是测定这些碎部点的平面位置和高程，当进行测量工作时，不论用哪种方法，使用哪种仪器，测量成果都会有误差。为了防止测量误差的积累，提高测量精度，在测量工作中，必须遵循"先控制后碎部、从整体到局部，从高级到低级"的测量原则。

如图 1-18 所示，先在测区内选择若干个具有控制意义的点 A、B、C、D、E 等作为控制点，用全站仪和正确的测量方法测定其位置，作为碎部测量的依据。这些控制点所组成的图形称为控制网，进行这部分测量的工作称为控制测量。然后，再根据这些控制点测定碎部点的位置。例如在控制点 A 附近测定其周围的房子 1、2、3 各点，在控制点 B 附近测定房子 4、5、6 各点，用同样的方法可以测定其他碎部的各点，因此这个地区的地物的形状和大小情况就可以表示出来了。

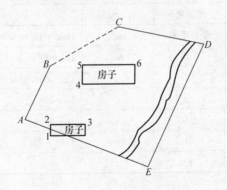

图 1-18　碎部测量示意图

1.2.5　测量常用的计量单位与换算

常用计量单位换算见表 1-5。

表 1-5 常用计量单位换算表

量名	单位名称	符号	换算关系
长度	米	m	1m = 3 市尺
	分米	dm	1dm = 0.1m
	厘米	cm	1cm = 0.01m
	毫米	mm	1mm = 0.001m
	千米	km	1km = 1000m
	海里	n mile	1n mile = 1852m
角度	圆周角		1 圆周角 = 360° = 2π rad
	度	°	1° = 60′ = 0.01745 rad
	分	′	1′ = 60″ = 0.00029 rad
	秒	″	1″ = 0.000005 rad
	弧度	rad	$\rho° \approx 57.30°$ $\rho′ \approx 3438′$ $\rho″ \approx 206265″$
面积	平方米	m^2	
	平方千米	km^2	$1km^2 = 10^6 m^2 = 100ha = 1500$ 亩
	公顷	ha	$1ha = 10^4 m^2 = 15$ 亩
	亩		1 亩 $= 666.67 m^2 = 6000$ 市尺^2
时间	天	d	1d = 24h
	小时	h	1h = 60min
	分	min	1min = 60s
	秒	s	

1.2.6 测量计算数值凑整规则

为了避免测量误差的迅速累积而影响观测成果的精度，在测量计算中通常采用如下凑整规则：

1）若数值中被舍去部分的数值大于所保留的末位数的 0.5，则末位加 1。

2）若数值中被舍去部分的数值小于所保留的末位数的 0.5，则末位不变。

3）若数值中被舍去部分的数值等于所保留的末位数的 0.5，则末位凑整成偶数。

4）以上规则可归纳为：大于 5 者进，小于 5 者舍，等于 5 者视前面为奇数或偶数而定，奇进偶不进。

【例】下列数值凑成小数点后 3 位有效数值，见表 1-6。

表 1-6　测量计算数值凑整规则

原有数值	凑整后的数值
2.7335	2.734
2.31439	2.314
3.14159	3.142
4.62550	4.626
4.62650	4.626

实训：一个测站上的施测程序

1. 测站上的观测程序

水准测量分为一、二、三、四个等级，而三、四等水准按规定应使用 DS₃ 型水准仪和双面水准尺。三、四等水准测量的观测程序、视线长度、观测限差均有严格的规定，见表 1-7。

表 1-7　三、四等水准测量主要技术要求

等级	仪器类型	水准尺	标准视线长度/m	后前视距差/m	后前视距累计差/m	黑红面读数差/mm	黑红面高差之差/mm	路线闭合差/mm
三	S_3	双面	75	2.0	5.0	2	3	$\pm 12\sqrt{L}$ 或 $\pm 4\sqrt{n}$

（续）

等级	仪器类型	水准尺	标准视线长度/m	后前视距差/m	后前视距累计差/m	黑红面读数差/mm	黑红面高差之差/mm	路线闭合差/mm
四	S_3	双面	100	3.0	10.0	3	5	$\pm20\sqrt{L}$ 或 $\pm6\sqrt{n}$

注：1. L 是闭合或附合水准路线的总长度。

2. 支水准路线的长度是指单程长度，以 km 计。

3. n 是测站数。

三、四等水准测量除各项限差有所区别外，观测方法基本相同。现以四等水准测量的观测方法进行叙述：

照准后视尺黑面，读取上丝、下丝及中丝读数，记入表 1-8 中第（1）、（2）、（3）项。

照准后视尺红面，读取中丝读数，记入表 1-8 中第（7）项。

照准前视尺黑面，读取上丝、下丝及中丝读数，记入表 1-8 中第（4）、（5）、（6）项。

照准前视尺红面，读取中丝读数，记入表 1-8 中第（8）项。

以上观测程序简称为"后—后—前—前"。对于三等水准测量，应采用"后—前—前—后"的观测程序。

表 1-8 三、四等水准测量记录

测站编号	点号	后尺上丝 后尺下丝 后距 后前距差 d	前尺上丝 前尺下丝 前距 累积差 $\sum d$	方向及尺号	水准尺读数 黑面	水准尺读数 红面	$K+$黑$-$红	高差中数
		（1）	（4）	后	（3）	（7）	（13）	
		（2）	（5）	前	（6）	（8）	（14）	（18）
		（9）	（10）	后—前	（15）	（16）	（17）	
		（11）	（12）					

（续）

测站编号	点号	后尺上丝 / 后尺下丝 / 后距 / 后前距差 d	前尺上丝 / 前尺下丝 / 前距 / 累积差 ∑d	方向及尺号	水准尺读数 黑面	水准尺读数 红面	K+黑−红	高差中数
1	BM_1 ~ TP_1	2.140	1.965	后47	2.007	6.792	+2	+0.1735
		1.875	1.701	前46	1.833	6.519	+1	
		26.5	26.4	后—前	+0.174	+0.273	+1	
		+0.1	+0.1					
2	TP_1 ~ TP_2	2.201	2.121	后46	2.008	6.696	−1	+0.0750
		1.816	1.747	前47	1.934	6.720	+1	
		38.5	37.4	后—前	+0.074	−0.024	−2	
		+1.1	+1.2					
3	TP_2 ~ TP_3	0.803	1.551	后47	0.632	5.419	0	−0.7420
		0.461	1.195	前46	1.373	6.062	−2	
		34.2	35.6	后—前	−0.741	−0.643	+2	
		−1.4	−0.2					
4	TP_3 ~ TP_4	1.329	2.498	后46	1.058	5.744	+1	−1.1785
		0.786	1.974	前47	2.236	7.023	0	
		54.3	52.4	后—前	−1.178	−1.279	+1	
		+1.9	+1.7					

2. 测站上的记录、计算与校核

三、四等水准测量的记录、计算与校核方法见表1-8。表中带小括号的号码为记录、计算及校核的次序，按如下步骤进行计算与校核：

（1）视距部分

后距：

$$(9)-[(1)-(2)]\times100$$

前距：

$$(10) - [(4) - (5)] \times 100$$

后、前距差 d：

$$(11) = (9) - (10)$$

后、前距累积差 $\sum d$：

$$(12) = 本站(11) + 前站(12)$$

(2) 高差部分

黑、红面读数差：

$$(13) = (3) + K - (7)$$

$$(14) = (6) + K - (8)$$

$$(46 号尺 K = 4.687; 47 号尺 K = 4.787)$$

黑面高差：

$$(15) = (3) - (6)$$

红面高差：

$$(16) = (7) - (8)$$

黑、红面高差之差：

$$(17) = (15) - [(16) \pm 0.1]$$

计算校核：

$$(17) = (13) - (14)$$

高差中数：

$$(18) = \frac{1}{2} \times [(15) + (16) \pm 0.1]$$

将以上计算结果分别与表 1-7 中相应等级的限差规定相比较，当各项误差在允许范围内时才能搬站，继续进行下一站的观测工作。

第 2 章 水 准 测 量

高程是确定地面点空间位置的基本要素之一，测量地面上各点高程的工作，称为高程测量。在获得地面点的高程时，一般只能直接测得两点间的高差，然后根据其中一点的已知高程推算出另一点的高程，所以高差测量是测量的基本工作之一。

按所使用的仪器和施测方法的不同，测定地面点高程的主要方法有水准测量、三角高程测量和气压高程测量等。水准测量是利用水准仪建立的水平视线来测量两点间的高差，进而获得地面点的高程。三角高程测量是测量两点间的水平距离或斜距和竖直角（即倾斜角），然后利用三角公式计算出两点间的高差，以求得高程，其工作精度较低，只能在适当的条件下才被采用。气压高程测量是利用大气压力的变化，测量点的高程。

2.1 水准测量的基本知识

2.1.1 水准测量的原理

水准测量的原理是利用水准仪提供的水平视线，读取竖立在两个点上的水准尺的读数，通过计算求出地面上两点间的高差，然后根据已知点的高程计算出待定点的高程。即用已知点的高程，计算出未知点的高程。

【例】 如图 2-1 所示，为了求出 A、B 两点的高差 h_{AB}，在 A、B 两个点上竖立带有分划的标尺——水准尺，在 A、B 两点之间安置可提供水平视线的仪器——水准仪。当视线水平时，在 A、B 两个点的标尺上分别读得读数 a 和 b，则 A、B 两点的高差等于两个标尺读数之差。

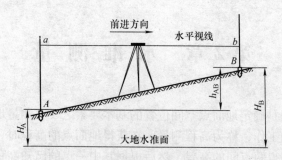

图 2-1 水准测量的原理示意图

即：$h_{AB} = a - b$

如果 A 为已知高程的点，B 为待求高程的点，则 B 点的高程为

$$H_B = H_A + h_{AB} = H_A + (a - b)$$

读数 a 是立在已知高程点上的水准尺的中丝读数，称为"后视读数"；读数 b 是立在待求高程点上的水准尺的中丝读数，称为"前视读数"。两点的高差必须是用后视读数减去前视读数进行计算。高差 h_{AB} 的值可能是正也可能是负，正值表示待求点 B 高于已知 A，负值表示待求点 B 低于已知点 A。此外，高差的正负号又与测量工作的前进方向有关，例如图 2-1 中测量由 A 向 B 行进，高差用 h_{AB} 表示，其值为正，反之由 B 向 A 行进，则高差用 h_{BA} 表示，其值为负。所以高差值必须标明高差的正、负号，同时要规定出测量的前进方向。

当两点相距较远或高差太大，安置一次仪器无法测得两点高差时，则可分成若干段连续安置仪器进行多站测量，最后计算出每站的高差并推求该两点的高差。从图 2-2 中可得：

$$h_1 = a_1 - b_1$$
$$h_2 = a_2 - b_2$$
$$\vdots \quad \vdots \quad \vdots$$
$$h_n = a_n - b_n$$
$$h_{AB} = \sum h = \sum a_n - \sum b_n$$

即两点的高差等于连续各站高差的代数和，也等于后视读数之和减去前视读数之和。通常要同时用 $\sum h$ 和 $(\sum a - \sum b)$ 进行计算，用来校核计算是否有误。

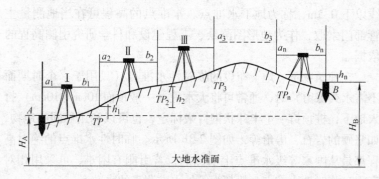

图 2-2　两点相距过远或高差太大时的示意图

在图 2-2 中，每安置一次仪器称为一个测站。在整个测段的测量中间立标尺的点 TP_1、TP_2…TP_n 等称为转点，它们在前一测站是前视点，而在下一测站则是后视点；转点是起传递高程作用的临时过渡点，它非常重要，因为转点上产生的任何差错，都会影响到高差的计算，间接影响到高程的推算。

水准测量的实质就是将高程从已知点经过转点传递到待求高程点，进而计算出其高程的过程。

2.1.2　水准测量方法

1. 水准点和水准路线

（1）水准点　用水准测量方法测定的高程控制点，称为水准点，简记为 BM。

水准点分为永久性和临时性两种。永久性水准点是国家有关专业测量单位，按一、二、三、四等 4 个精度等级分级，在全国各地建立的国家等级水准点。永久性水准点多用石料、金属或混凝土制成，顶面设置半球状的金属标志，其顶点表示水准点的高程和位置。如图 2-3a 所示。水准点应埋设在不易损毁的坚实土质内。

在城镇、厂矿区可将水准点埋设于基础稳定的建筑物墙角适当高度处，称之为墙面水准点。在冻土带，水准点应深埋在冰冻线以下 0.5m，称为地下水准点。水准点的高程可在当地测量主管部门索取，作为地形图测绘、工程建设和科学研究引测高程的依据。

在建筑物下、地上布设的临时性水准点（只用于一个时期而不需永久保留）时，通常可将大木桩（一般顶面 10cm×10cm）打入地下，桩顶钉一个半球状钢钉来标定，也可以利用稳固的地物，如坚硬的岩石、房角等，如图 2-3b 所示。临时性水准点的绝对高程都是从国家等级水准点上引测的，若引测有困难，可采用相对高程。临时性水准点一般都为等外水准测量的水准点。

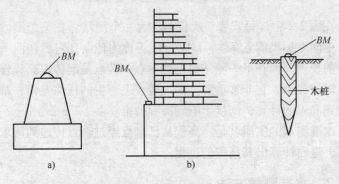

图 2-3　水准点示意图

埋好水准点后，应编号并绘制点位地面图，在图上要注明定位尺寸、水准点编号和高程，称为点之记，必要时设置指示桩，以便保管和使用。

（2）水准路线　在一系列水准点间进行水准测量所经过的路线，称为水准路线。为避免在测量成果中存在错误，保证测量成果能达到一定的精度要求，水准测量都要根据测区的实际情况和作业要求布设成某种形式的水准路线，并利用一定的条件来检核测量成果的正确性。水准路线的布设形式主要有闭合水准路线、附合水准路线和支线水准路线三种，如图 2-4 所示。

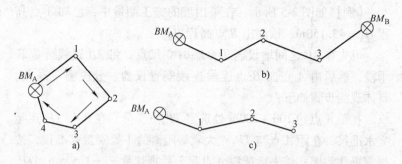

图 2-4 水准路线种类示意图

1）闭合水准路线。如图 2-4a 所示，从水准点 BM_A 出发，沿各待定高程的点 1、2、3、4 进行水准测量，最后又回到原出发的水准点 BM_A，这种形成环形的路线，称为闭合水准路线。

2）附合水准路线。如图 2-4b 所示，从水准点 BM_A 出发，沿各待定高程的点 1、2、3 进行水准测量，最后附合到另一个水准点 BM_B。这种在两个已知水准点之间布设的路线，称为附合水准路线。

3）支线水准路线。如图 2-4c 所示，从水准点 BM_A 出发，沿各待定高程的点 1、2、3 进行水准测量，这种从一个已知水准点出发，而另一端为未知点的路线，该路线既不自行闭合，也不附合到其他水准点上，称为支线水准路线。

2. 水准测量方法和记录

水准测量一般都是从已知高程的水准点开始，引测未知点的高程。当欲测高程点距水准点较远或高差较大时，或有障碍物遮挡视线时，在两点间仅安置一次仪器难以测得两点间的高差（安置一次仪器只能测定 100～200m 或高差小于水准尺长度的两点间高差），此时应把两点间距分成若干段，分段连续进行测量。

下面分别以高差法和仪高法，用实例说明普通水准测量的施测和记录、计算方法。

（1）高差法

【例】如图 2-5 所示，在某山坡的施工测量中，已知 A 点高程 $H_A = 43.150\text{m}$，欲测出 B 点高程 H_B。

可先在 AB 之间增设若干个临时立尺点，将 AB 路线分成若干段，然后由 A 点向 B 点逐段连续安置仪器，分段测定高差。具体观测步骤如下：

在距 A 点约 100～200m 处选定 TP_1 点，分别在 A 和 TP_1 点竖立水准尺，在距 A 点与 TP_1 点大致等距离的 I 处安置水准仪，按规定操作程序，精平后读取 A 点尺上后视读数 $a_1 = 1.525\text{m}$，TP_1 点尺上前视读数 $b_1 = 0.897\text{m}$，则 A 点与 TP_1 点之间高差为：$h_1 = a_1 - b_1 = 0.628\text{m}$；$TP_1$ 点的高程 $H_{TP_1} = H_A + h_1 = 43.778\text{m}$，以上完成第一个测站的观测与计算。

然后将水准仪搬至测站 II 处安置，将点 TP_1 上的尺面在原处反转过来，变为测站 II 的后视尺，点 A 上的尺向前移至 TP_2，按照测站 I 的工作程序进行测站 II 的工作。按上述步骤依次沿水准路线前进方向，连续逐站进行施测，多次重复一个测站的操作程序，直至测定终点 B 的高程为止。水准测量记录手簿见表 2-1。

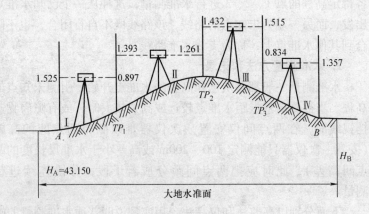

图 2-5　高差法示意图

表 2-1 水准测量记录手簿（高差法）

测点	后视读数/m	前视读数/m	高差/m	高程/m	备注
A	1.525			43.150	
			0.628		
TP_1	1.393	0.897		43.778	
			0.132		
TP_2	1.432	1.261		43.910	已知水准点
			−0.083		
TP_3	0.834	1.515		43.827	
			−0.523		
B		1.357		43.304	
计算校核	$\sum_后$ = 5.184	$\sum_前$ = 5.030	$\sum h$ = 0.154	$H_终 - H_始$ = 0.154	计算无误
	$\sum_后 - \sum_前$ = 0.154				

由图 2-5 可知，每安置一次仪器，就测得一个高差，即各站高差分别为

$$h_1 = a_1 - b_1 = 1.525 - 0.897 = 0.628 \text{m}$$
$$h_2 = a_2 - b_2 = 1.393 - 1.261 = 0.132 \text{m}$$
$$h_3 = a_3 - b_3 = 1.432 - 1.515 = -0.083 \text{m}$$
$$h_4 = a_4 - b_4 = 0.834 - 1.357 = -0.523 \text{m}$$

将以上各式相加，并用总和符号 $\sum$ 表示，则得 A、B 两点的高差：

$$h_{AB} = h_1 + h_2 + h_3 + h_4 = (a_1 + a_2 + a_3 + a_4) - (b_1 + b_2 + b_3 + b_4) = \sum h = \sum a - \sum b$$

即 A、B 两点高差等于各段高差的代数和，也等于后视读数的总和减去前视读数的总和。若逐站推算高程，则有下列各式：

$$H_{TP1} = H_A + h_1 = 43.150 + 0.628 = 43.778 \text{m}$$
$$H_{TP2} = H_{TP1} + h_2 = = 43.778 + 0.132 = 43.910 \text{m}$$
$$H_{TP3} = H_{TP2} + h_3 = = 43.910 + (-0.083) = 43.827 \text{m}$$
$$H_{TP4} = H_{TP3} + h_4 = = 43.827 + (-0.523) = 43.304 \text{m}$$

分别填入表 2-1 相应栏内。

最后由 B 点高程 H_B 减去 A 点高程 H_A，应等于 $\sum h$，即：

$$H_B - H_A = \sum h$$

根据公式 $\sum h = \sum a - \sum b = H_终 - H_始$

在图2-5中，A点与B点之间的临时立尺点 TP_1、TP_2……是高程传递点，称为转点，通常用"TP"表示。在转点上即有前视读数，也有后视读数。转点高程的施测、计算是否正确，直接影响最后一点高程的准确，因此是有关全局的重要环节。通常这些转点都是临时选定的立尺点，并没有固定的标志，所以立尺员在每一个转点上必须等观测员读完前、后视读数并得到观测员的准许后才能移动（即相邻前、后两测站观测中的转点位置不得变动）。

由上述可知，长距离的水准测量，实际上是水准测量基本操作方法、记录与计算的重复连续性工作，其特点就是工作的连续性，因而应养成操作按程序、记录与计算依顺序进行的工作习惯。

（2）仪高法　仪高法测高程的施测步骤与高差法基本相同，如图2-6所示。

在相邻两测站之间出现了中间点1、2、3，它是待测的高程点，而不是转点。在测站1上，除读出 TP_1 点上的前视读数1.310m外，还要读取中间点尺上的读数，如1点尺上的读数为1.585m、2点尺上的读数为1.312m、3点尺上读数为1.405m，以便求出中间点地面高程。中间点尺上的读数称为中间前视。中间点只有前视读数，与 TP_1 使用同一视线高，而有后视读数。水准测量记录手簿见表2-2。

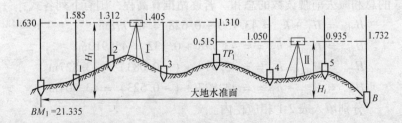

图2-6　仪高法

表 2-2 水准测量记录手簿（仪高法）

测站	测点	后视读数 /m	视线高 /m	前视读数/m		高程 /m	备注
				转点	中间点		
I	BM_1	1.630	22.965			21.335	
	1				1.585	21.380	
	2				1.312	21.653	
	3				1.405	21.560	
II	TP_1	0.515	22.170	1.310		21.655	
	4				1.050	21.120	
	5				0.935	21.235	
	B			1.732		20.438	
计算检核	$\sum_后 = 2.145$ $\sum_后 - \sum_前 = -0.897$			$\sum_前 = 3.042$（不包括中间点） $H_终 - H_始 = 20.438 - 21.335$ $= -0.897$（计算无误）			

仪高法的计算方法与高差法不同，须先计算仪器视线高程 H_i，再推算前视点和中间点高程。为了减少高程传递误差，观测时应先观测转点，再观测中间点。计算过程如下：

第 I 测站：$H_i = 21.335 + 1.630 = 22.965\text{m}$

$H_1 = 22.965 - 1.585 = 21.380\text{m}$

$H_2 = 22.965 - 1.312 = 21.653\text{m}$

$H_3 = 22.965 - 1.405 = 21.560\text{m}$

$H_{TP1} = 22.965 - 1.310 = 21.655\text{m}$

第 II 测站：$H_i = 21.655 + 0.515 = 22.170\text{m}$

$H_4 = 22.170 - 1.050 = 21.120\text{m}$

$H_5 = 22.170 - 0.935 = 21.235\text{m}$

$H_B = 22.170 - 1.732 = 20.438\text{m}$

最后由 B 点高程 H_B 减去 A 点高程 H_A，应等于 $\sum a - \sum b$。在计算 $\sum b$ 时，应剔除中间点读数。

3. 水准测量的检核

因为长距离水准测量工作的连续性很强,待定点的高程是通过各转点的高程传递而获得的,如果在一个测站的观测中存在错误,将会影响到整个水准路线测量成果。所以水准测量的检核是非常重要的。检核工作有如下几项:

(1)计算检核 计算检核的目的是及时检核记录手簿中的高差和高程计算中是否有错误。公式 $\sum h = \sum a - \sum b = H_{终} - H_{始}$ 为观测记录中的计算检核式,若等式成立时,表示计算正确,否则说明计算有错误。

(2)测站检核 测站检核的目的是及时发现和纠正施测过程中观测、读数、记录等原因导致的高差错误。为保证每个测站观测高差的正确性,必须进行测站检核。测站检核的方法有双仪器高法和双面尺法两种。

1)双仪器高法。在同一个测站上用两次不同的仪器高度分别测定高差,用两次测定的高差值相互比较进行检核。就是说测得第一次高差后,改变水准仪视线高度大于10cm以上重新安置,再测一次高差。两次所测高差之差对于等外水准测量容许值为 ±6mm。对于四等水准测量容许值为 ±5mm。超过此限差,必须重测,若不超过限差时,可取其高差的平均值作为该站的观测高差。

2)双面尺法。在同一个测站上,仪器的高度不变,根据立在前视点和后视点上的双面水准尺,分别用黑面和红面各进行一次高差测量,用两次测定的高差值相互比较进行检核。两次所测高差之差的限差与双仪器高法相同。同时每一根尺子红面与黑面读数之差与常数(4.687m 或 4.787m)之差,不超过3mm(四等水准测量)或4mm(等外水准测量),可取其高差的平均值作为该站的观测高差,若超过限差,必须重测。

3)成果检核。测站检核只能检核一个测站上是否存在错误或误差是否超限。

仪器误差、估读误差、转点位置变动的错误、外界条件影响等，虽然在一个测站上反映不明显，但随着测站数的增多，就会使误差积累，就有可能使误差超过限差。因此为了正确评定一条水准线路的测量成果精度，应该进行整个水准路线的成果检核。水准测量成果的精度是根据闭合条件来衡量的，即将路线上观测高差的代数和值与路线的理论高差值相比较，用其差值的大小来评定路线成果的精度是否合格。

2.1.3 水准测量的成果计算与检验

进行水准测量成果计算前，要检查观测手簿，计算各点间的高差。待计算校核无误后，则根据外业观测高差计算水准路线的高差闭合差，以确定成果的精度。若闭合差在容许的范围内，认为精度合格、成果可用，否则应查找原因予以纠正，必要时应返工重测，直至达到精度为止。在精度合格的情况下，调整闭合差，最后计算各点的高程，以上工作称为水准测量的内业。下面将根据水准路线布设的不同形式，举例说明计算的方法、步骤。

1. 水准测量的精度要求

高差闭合差是用来衡量水准测量成果精度的，不同等级的水准测量，对高差闭合差的限差规定也不同，工程测量中对限差的规定见表 2-3。

表 2-3 工程测量中对限差的规定

等级	容许高差闭合差	主要应用范围举例
三等	$f_{h容} = 12\sqrt{L}$ mm 平地 $f_{h容} = 4\sqrt{n}$ mm 山地	场区的高程控制网
四等(等外)	$f_{h容} = 20\sqrt{L}$ mm 平地 $f_{h容} = 6\sqrt{n}$ mm 山地	普通建筑工程、河道工程、用于立模、填筑放样的高程控制点
图根	$f_{h容} = 40\sqrt{L}$ mm 平地 $f_{h容} = 12\sqrt{n}$ mm 山地	小测区地形图测绘的高程控制、山区道路、小型农田水利工程

注：1. 表中图根通常是普通（或等外）水准测量。
   2. 表中 L 为路线单程长度，以 km 计；n 为测站数。
   3. 每公里测站数多于 15 站时，用相应项目后面的公式。

当计算出 $f_{h容}$ 以后，即可进行高差闭合差 f_h 与容许高差闭合差的比较，若 $|f_h| \le |f_{h容}|$ 时，则精度合格，在精度合格的情况下，可以进行水准路线成果计算。

2. 闭合水准路线的成果计算

【例】如图 2-7 所示，水准点 BM_A 高程为 27.015m，1、2、3、4 点为待定高程点。现用图根水准测量方法进行观测，各段观测数据及起点高程均注于图上，图中箭头表示测量前进方向，现以该闭合水准路线为例将成果计算的方法、步骤介绍如下，并将计算结果列入表 2-4 中。

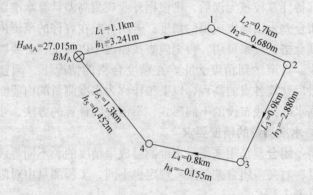

图 2-7　闭合水准路线的成果计算

（1）将观测数据和已知数据填入计算表　按高程推算顺序将各测点、各段距离（或测站数）、实测高差及水准点 A 的已知高程列入表 2-4 相应各栏内。

（2）计算高差闭合差　前面讲过，在理论上，闭合水准路线的各段高差代数和值应等于零，即 $\Sigma h_{理} = 0$，实际上由于各测站的观测高差存在误差，致使观测高差的代数和值不能等于理论值，故存在高差闭合差，即：

$$f_h = \Sigma h_{测}$$

本例中 $f_h = \Sigma h_{测} = -0.022\text{m}$

表 2-4　水准测量成果计算表

测段编号	测点	距离/km	实测高差/m	高差改正数/m	改正后高差/m	高程/m	备注
1	BM_A	1.1	+3.241	0.005	+3.246	27.015	已知
2	1	0.7	-0.680	0.003	-0.677	30.261	
3	2	0.9	-2.880	0.004	-2.876	29.584	
4	3	0.8	-0.155	0.004	-0.151	26.708	
5	4	1.3	+0.452	0.006	+0.458	26.557	与已知高程相符
Σ	BM_A	4.8	-0.022	+0.022	0	27.015	
辅助计算		$f_h = \sum h_{测} = -0.022\text{m}$　$f_{h容} = 40\sqrt{L}\text{mm} = 40\sqrt{4.8}\text{mm} = 87\text{mm}$　$|f_h| < |f_{h容}|$ 精度合格					

（3）计算高差闭合差容许值　根据表 2-4 中对限差的规定可以知道，图根水准的容许限差 $f_{h容} = 40\sqrt{L}\text{mm}$，本例中，路线总长为 4.8km，则 $f_{h容} = 40\sqrt{4.8}\text{mm} = 87\text{mm}$，由于 $|f_h| < |f_{h容}|$，则精度合格。在精度合格的情况下，可进行高差闭合差的调整（即允许施加高差改正数）。

（4）调整高差闭合差　根据误差理论，高差闭合差的调整原则是：将闭合差 f_h 以相反的符号，按与测段长度（或测站数）成正比的原则进行分配到各段高差中去。公式表达为

$$V_i = -f_h/\sum L \cdot L_i$$

或

$$V_i = -f_h/\sum n \cdot N_i$$

式中　V_i——第 i 点的高差改正数；

　　　f_h——高差闭合差；

　　　$\sum L$——线路总长度；

　　　$\sum n$——路线总测站数；

　　　L_i——第 i 段的长度；

　　　N_i——第 i 段的测站数。

对于水准测量计算中取值，精确度为 0.001m。按上述调整

原则，第一段至第五段各段高差改正数分别为

$V_1 = (-0.022)/4.8 \times 1.1 = 0.005\mathrm{m}$

$V_2 = (-0.022)/4.8 \times 0.7 = 0.003\mathrm{m}$

$V_3 = (-0.022)/4.8 \times 0.9 = 0.004\mathrm{m}$

$V_4 = (-0.022)/4.8 \times 0.8 = 0.004\mathrm{m}$

$V_5 = (-0.022)/4.8 \times 1.3 = 0.006\mathrm{m}$

将各段改正数记入表 2-4 改正数栏内。计算出各段改正数之后，应进行如下计算检核：改正数的总和应与闭合差绝对值相等，符号相反，即 $\sum V = -f_\mathrm{h}$。

（5）计算改正后高差　各段实测高差加上相应的改正数，即得改正后的高差，即

$$h_{i改} = h_{i测} + V_i$$

上例中各段改正后高差分别为

$h_{1改} = 3.241 + 0.005 = 3.246\mathrm{m}$

$h_{2改} = -0.680 + 0.003 = -0.677\mathrm{m}$

$h_{3改} = -2.880 + 0.004 = -2.876\mathrm{m}$

$h_{4改} = -0.155 + 0.004 = -0.151\mathrm{m}$

$h_{5改} = 0.452 + 0.006 = 0.458\mathrm{m}$

将上述结果分别记入表 2-4 改正后高差栏内。改正后各段高差的代数和值应等于高差的理论值，即 $\sum h_{改} = \sum h_{理} = 0$，以此作为计算检核。

（6）推算各待定点的高程　根据水准点 BM_A 的高程和各段改正后的高差，按顺序逐点计算各待定点的高程，填入表 2-4 中的高程栏内，上例中各待定点高程分别为

$H_1 = 27.015 + 3.246 = 30.261\mathrm{m}$

$H_2 = 30.261 + (-0.677) = 29.584\mathrm{m}$

$H_3 = 29.584 + (-2.876) = 26.708\mathrm{m}$

$H_4 = 26.708 + (-0.151) = 26.557\mathrm{m}$

$H_{BMA} = 26.557 + 0.458 = 27.015\mathrm{m}$

此时推算出的 H_A 与该点的已知高程相等，则计算无误，以

此作为计算检核。

3. 附合水准路线的成果计算

【例】如图 2-8 所示，若从水准点 BM_1 开始，经 A、B、C、D 四个待定点后，附合到另一水准点 BM_2 上，现用图根水准测量方法进行观测，各段观测高差、距离及起、终点高程均注于图上，图中箭头表示测量前进方向。

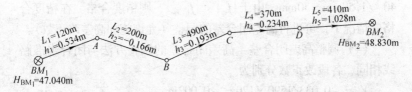

图 2-8　附合水准路线的成果计算

现以该附合水准路线为例，介绍成果计算的步骤如下，并将计算结果记入表 2-5 中。

表 2-5　水准测算成果计算表

测段编号	测点	距离 /m	实测高差 /m	高差改正数 /m	改正后高差 /m	高程 /m	备注
1	BM_1	120	+ 0. 534	- 0. 002	0. 532	47. 040	已知
2	A	200	- 0. 166	- 0. 004	- 0. 170	47. 572	
3	B	490	+ 0. 193	- 0. 010	+ 0. 183	47. 402	
4	C	370	+ 0. 234	- 0. 008	0. 226	47. 585	
5	D	410	+ 1. 028	- 0. 009	1. 019	47. 811	
Σ	BM_2	1590	1. 823	- 0. 033	1. 790	48. 830	高程相符
辅助计算		$f_h = \sum h_{测} - \sum h_{理} = \sum h_{测} - (H_{终} - H_{始}) = 1.823 - 1.790 = +0.033\text{m}$ $f_{h容} = 40\sqrt{L}\text{mm} = 40\sqrt{1.59}\text{mm} = 50\text{mm}$ $\lvert f_h \rvert < \lvert f_{h容} \rvert$ 精度合格						

（1）将观测数据和已知数据填入计算表　将各测点、各段距离、实测高差及水准点已知高程填入表 2-5 相应的各栏内。

（2）计算高差闭合差　如前所述，附合水准路线各测段高差的代数和值应等于两端已知水准点间的高差值。若不等，其差值即为高差闭合差。即

$$f_h = \sum h_测 - \left(H_终 - H_始 \right)$$

上例中：$f_h = 1.823 - \left(48.830 - 47.040 \right) = 0.033m$

（3）计算高差闭合差容许值　路线总长为 1.59km，则 $f_{h容} = 40\sqrt{1.59}mm = 50mm$，由于 $|f_h| < |f_{h容}|$，则精度合格。在精度合格的情况下，可进行高差闭合差的调整（允许施加高差改正数）。

（4）调整高差闭合差　高差闭合差的调整方法与闭合水准路线相同，各段改正数分别为

$$V_1 = -0.033/1590 \times 120 = -0.002m$$

$$V_2 = -0.033/1590 \times 200 = -0.004m$$

$$V_3 = -0.033/1590 \times 490 = -0.010m$$

$$V_4 = -0.033/1590 \times 370 = -0.008m$$

$$V_5 = -0.033/1590 \times 410 = -0.009m$$

将各段改正数填入表 2-5 中改正数栏内。检核：$\sum V = -f_h$。

（5）计算改正后的高差　改正后高差的计算方法与闭合水准路线相同，上例中各段改正后的高差分别为

$$h_{1改} = 0.534 + \left(-0.002 \right) = 0.532m$$

$$h_{2改} = -0.166 + \left(-0.004 \right) = -0.170m$$

$$h_{3改} = 0.193 + \left(-0.010 \right) = -0.183m$$

$$H_4 = 0.234 + \left(-0.008 \right) = 0.226m$$

$$H_{BMA} = 1.028 + \left(-0.009 \right) = 1.019m$$

分别填入表 2-5 改正后高差栏内。

（6）计算待定点高程　根据水准点 BM_1 的已知高程和各段改正后高差按顺序逐点推算各待定点高程，填入表 2-5 高程栏内。上例中推算得各待定点高程分别为

$$H_A = 47.040 + 0.532 = 47.572m$$

$$H_B = 47.572 + \left(-0.170 \right) = 47.402m$$

$$H_C = 47.402 + 0.183 = 47.585m$$

$H_D = 47.585 + 0.226 = 47.811\text{m}$

$H_{BM2} = 47.811 + 1.019 = 48.830\text{m}$

检核：H_{BM2}（计算）$= 48.830\text{m} = H_{BM2}$（已知）

4. 支水准路线成果计算

【例】 如图 2-9 所示，为等外支水准路线，已知水准点 A 的高程为 45.396m，往、返测站台为 15 站，其往测高差 $h_{往} = +1.332\text{m}$，返测高差 $h_{返} = -1.350\text{m}$，图中箭头表示水准测量往测方向。成果计算方法如下：

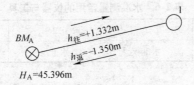

图 2-9 支水准路线成果计算

（1）计算高差闭合差 如前所述，从理论上讲，$\sum h_{往}$ 与 $\sum h_{返}$ 的绝对值相等，符号相反。即往测高差与返测高差之代数和值应等于零。若不等于零，其值称为高差闭合差。即

$$\int h = h_{往} + h_{返}$$

上例中：$\int h = h_{往} + h_{返} = 1.332 + (-1.350) = -0.018\text{m}$

$$= -18\text{mm}$$

（2）计算高差闭合差容许值

$$\int h_{容} = 12\sqrt{n}\text{mm} = 12\sqrt{15}\text{mm} = 46\text{mm}$$

由于 $\left|\int h\right| < \left|\int h_{容}\right|$，则精度合格。

（3）计算改正后高差 支水准路线，取各测段往测和返测高差绝对值的平均值即为改正后高差，其符号以往测高差符号为准。即

$$h_{A1改} = \frac{|h_{往}| + |h_{返}|}{2} = \frac{1.332 + 1.350}{2} = 1.341\text{m}$$

（4）计算待定点高程

$H_1 = H_A + h_{A1(改)} = 45.396 + 1.341 = 46.737m$

注意：支水准路线在计算闭合差容许值时，路线总长度 L 或测站总数 n 只按单程计算。

2.2 水准测量的仪器和工具

水准测量常用的仪器与工具见表2-6。

表2-6 水准测量常用的仪器与工具

序号	1	2	3
名称	水准仪	水准尺	尺垫

2.2.1 DS$_3$ 型微倾式水准仪的使用

水准仪是进行水准测量的主要仪器。目前常用的水准仪从构造上可分为两大类：一类是利用水准管来获得水平视线的水准管水准仪，称为微倾式水准仪；另一类是利用补偿器来获得水平视线的自动安平水准仪。此外，尚有一种新型水准仪——电子水准仪，它配合条纹编码尺，利用数字化图像处理的方法，可自动显示高程和距离，使水准测量实现自动化。在第一章中已经介绍了 DS$_3$ 型水准仪构造，而它就是属于第一类的微倾式水准仪。接下来，我们详细讲解一下 DS$_3$ 型微倾式水准仪的使用方法。

在安置仪器之前，应选择合适的地点放好三脚架，其位置应位于两标尺中间。高度适中，架头大致水平，上架后的仪器要立即用中心螺栓固定于三脚架上，脚架要踩实。用水准仪进行水准测量的操作程序为：粗平—瞄准—精平—读数。

1. 粗平

将水准仪架在三脚架上之后，大致使其处于水平状态。如图2-10a 所示，虚圆圈表示气泡所处的位置，此时首先用双手按箭头所指的方向转动 1 和 2 脚螺旋，使气泡移动到这两个脚螺旋方向的中间，再按图 2-10b 中箭头所指的方向，用左手转动脚螺旋 3，使圆水准器气泡居中，称为粗平。值得注意的是，水准气泡移动的方向始终与左手大拇指转动脚螺旋的方向一致。

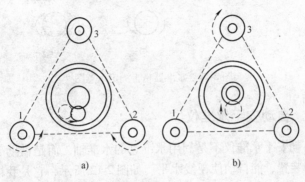

a)　　　　　　　　　　b)

图 2-10　粗平

2. 瞄准

松开制动螺旋，先用望远镜的缺口和准星瞄准水准尺，制动照准部，调整焦距，使水准尺成像清晰，调整目镜使十字丝清晰，消除视差，该过程称为粗略瞄准。在望远镜内找到水准尺成像，再用微动螺旋使十字丝的竖丝与水准尺的一边棱重合，称为精确瞄准。

3. 精平

调节微倾螺旋，使水准管观察孔中的两半部分气泡精确吻合，如图 2-11a 所示，此时望远镜的视准轴精平。图 2-11b、c 所示都未平，应按下图所对应方向调整。

4. 读数

水准仪精平后，应立即用十字丝的中横丝在水准尺上读数。读数时先看估读的毫米数，然后以毫米为单位报出四位读数，如 5.236m 读成 5236，这样读数可防止读、记及计算中的错误和不必要的误会。特别注意：每次读数前，都必须使水准器气泡符合。

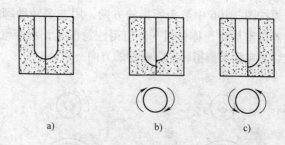

a)   b)   c)

图 2-11 水准器精平测定示意图

2.2.2 自动安平水准仪

自动安平水准仪不是利用水准管的水准轴，而是借助于一种特殊的装置，能自动使视线水平。如图 2-12 所示，它是我国生产的 DSZ$_3$ 型自动安平水准仪。常规水准测量中，先要使用圆水准器使水准仪粗平在观测中花费的时间相对较多，由于观测时间的延长，受温度变化、风力影响、仪器下沉等的影响，增加了测量的误差。而使用自动安平水准仪水准测量，只需要用圆水准器粗平水准仪，便可以在望远镜中读数，这样，不仅操作简单，而且提高了工作的效率。

图 2-12 DSZ$_3$ 型自动安平水准仪实物图

1. 自动安平水准仪的原理

如图 2-13 所示，视准轴水平时在水准尺上的读数为 a，当视准轴倾斜一个小角度 α 时，视准轴读数为 a'，显然 a' 不是水平视线的读数。为了使十字丝横丝的读数仍为水平视线的读数 a，在望远镜的光路上加一个补偿器，使通过物镜中心的水平视线经过补偿器的光学元件后偏转一个 β 角，仍成像在十字丝中心。由于 α 角和 β 角都是很小的角值，如能满足下列条件：

$$\int \alpha = \mathrm{d}\beta$$

即能达到补偿的目的。式中 d 为补偿器到十字丝的距离，f 为物镜到十字丝的距离。

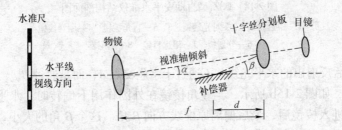

图 2-13　自动安平水准仪原理示意图

2. 补偿器

补偿器的结构形式较多，如我国生产的 DSZ_3 型自动安平水准仪，采用悬挂一组棱镜，借助于重力的作用，以达到补偿的目的。为使悬挂的棱镜组迅速稳定下来，还安装有阻尼装置。图 2-14 所示为该仪器的结构剖面图，在对光透镜和十字丝分划板之间安装一个补偿器，这个补偿器倾斜时，直角棱镜在重力摆作用下，使望远镜做相反的偏转运动，并且借助于阻尼器 8 的作用，很快达到平衡。当视准轴水平时，水平光线进入物镜后经过一个直角棱镜 3 反射到屋脊棱镜 4 上，在屋脊棱镜内做三次反射后，到达另一直角棱镜 5，再反射一次到达十字丝交点。

如图 2-15a 所示，视线倾斜 α 角，直角棱镜也随之倾斜，这时补偿器未发挥作用，水平光线进入第一个棱镜后，沿虚线前进，

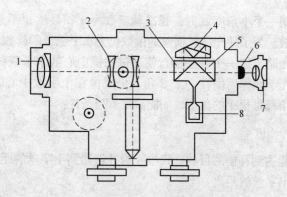

图 2-14 DSZ₃型自动安平水准仪结构剖面图

1—望远物镜　2—对光透镜　3、5—直角棱镜　4—屋脊棱镜

6—分划板　7—望远目镜　8—阻尼器

最后反射出的水平光线并不通过十字丝交点 A，而是通过 B。

如图 2-15b 所示，当直角棱镜在外因作用下偏转时，水平视线进入棱镜后，最后偏离原虚线方向 β 角。这个 β 角的大小，就是要求补偿器起作用时，恰好使水平光线通过十字丝交点 A，既得到水平视线。

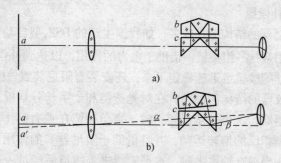

图 2-15 补偿器是否发挥作用示意图

a）补偿器未发挥作用　b）补偿器发挥作用

3. 自动安平水准仪的使用

自动安平水准仪的操作方法和一般水准仪的操作方法基本相

同，当自动安平水准经过圆水准器的粗平后，观测者在望远镜内观察警告指示窗是否全部呈绿色，若没有全部呈绿色，不能对水准尺读数，必须再调整圆水准器，直到警告指示窗全部呈绿色后，即视线在补偿器范围内，方可进行测量。

自动安平水准仪如果长期未使用，在使用前应检查补偿器是否失灵，可以转动脚螺旋，如果警告指示窗分别出现红色，反转脚螺旋消除红色，并转绿，说明补偿器灵敏，阻尼器没有卡死，可以进行水准测量。

2.2.3　水准尺和尺垫

水准尺是水准测量中用于高差量度的标尺，分为直尺、折尺和塔尺等多种类型。水准尺按精度高低可分为精密水准尺和普通水准尺。

1. 精密水准尺

精密水准尺尺长多为 3m，两根为一副。在尺带上有左右两排线状分划，分别称为基本分划和辅助分划，格值为 1cm。这种水准尺配合精密水准仪使用。

2. 普通水准尺

普通水准尺尺长为 3m，两根为一副，且为双面（黑面、红面）刻划的直尺，每隔 1cm 印刷有黑白或红白相间的分划。每分米处注有数字，对一副水准尺来说，黑、红两面标记的零点不同。黑面尺的尺底端从零开始注记读数，两尺的红面尺底端分别从常数 4687mm 和 4787mm 开始，称为零点差 K。即 $K_1 = 4.687m$，$K_2 = 4.787m$。

一般情况下，设尺常数是为了检核测量结果用。

3. 尺垫

水准测量中有许多地方需要设置转点，为防止观测过程中尺子下沉而影响读数的准确性，应在转点处放一尺垫，如图 2-16 所示。

尺垫一般由平面为三角的铸铁制成，上图中所示为新型弹性

图 2-16 弹性尺垫实物图

尺垫,下面有脚,便于踩入土中使之保持稳定。上面有个半球形小包,立水准尺于球顶,尺底部仅接触球顶最高的一点,当水准尺转动方向时,尺底的高程不会改变。

2.3 水准仪的检验与校正

2.3.1 微倾式水准仪的检验与校正

微倾式水准仪的主要轴线如图 2-17 所示,它们之间应满足的几何关系是:

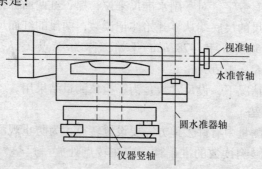

视准轴
水准管轴
圆水准器轴
仪器竖轴

图 2-17 水准仪的主要轴线

1）圆水准器轴应平行于仪器竖轴。

2）十字丝的横丝应垂直于仪器竖轴。

3）水准管应平行于视准轴。

1. 圆水准器轴平行于仪器竖轴的检验与校正

（1）检验 旋转脚螺旋，使圆水准气泡居中。之后将仪器水平旋转180°，气泡居中则正常，反之，需要校正。

（2）校正 调节脚螺旋，使气泡向中心移动偏距一半，用校正针拨圆水准器底下的三个校正螺钉，使气泡居中，如图2-18所示。

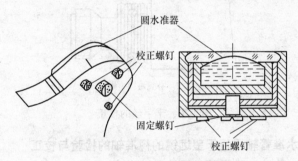

图 2-18 圆水准器校正螺钉

2. 十字丝横丝垂直于仪器竖轴的检验和校正

（1）检验 在距一墙面10～20m处安置仪器，先用横丝的一端照准墙上一固定而清晰的目标点或在水准尺上读一个数，然后用微动螺旋转动望远镜，用横丝的另一端观测同一目标或读数（如图2-19a所示），如果目标仍在横丝上或水准尺上读数不变（如图2-19b所示），则说明横丝与竖轴没有垂直，应给予校正。

（2）校正 打开十字丝分划板，可见到3个或4个分划板的固定螺钉（如图2-20所示）。松开这些固定螺钉，用手转动十字丝分划板座，使横丝的两端都能与目标重合或使横丝两端所得水准尺读数相同，则校正完成。最后旋紧所有固定螺钉。注意，此项校正可能需要反复多次才能完成。

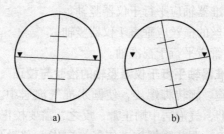

图 2-19　十字丝横丝的检验

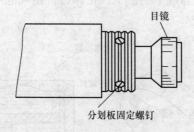

图 2-20　十字丝的校正

3. 水准管轴平行于望远镜的视准轴的检验与校正

（1）检验　在平坦地面上选定相距 40～60m 的 A，B 两点，首先将水准仪置于离 A，B 等距的 1 点，测得 A，B 两点的高差（如图 2-21a 所示），重复测二三次，当所得高差之差不大于 3mm 时取平均值 h_1。若视准轴与水准管轴不平衡而存在 i 角误差（两轴的交角在竖起面的投影），但由于仪器至 A，B 两点距离相等，则由于视准轴倾斜而在前、后视读数所产生的误差 δ 也相等，因此，所得 h_1 是 A，B 两点的正确高差。

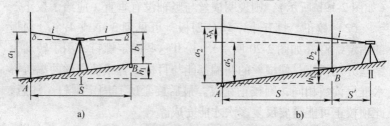

图 2-21　视准轴与水准管轴平行的检验

然后把水准移到 AB 延长方向上靠近 B 的 II 点，再次观测 A，B 两点的尺上读数（如图 2-21b 所示）。由于仪器距 B 点很近，S' 可忽略，两轴不平行造成在 B 点尺上读数 b_2 的误差也可忽略不计。

由图 2-21b 可知，此时 A 点尺上的读数为 a_2，而正确读数应为 $a'_2 = b_2 + h_1$；此时可计算出 i 角值为：$i = \dfrac{a_2 - a'_2}{s}\rho = \dfrac{a_2 - b_2 - h_1}{s}\rho$，$S$ 为 A，B 两点间的距离，ρ 为一弧度的秒值（$\rho = 206265''$）。对 S3 水准仪，当后、前视距差未做具体限制时，一般规定在 100m 的水准尺上读数误差不超过 4mm，即 a_2 与 a'_2 的差值超过 4mm 时应给予校正。当后、前视距差有较严格的限制时，一般规定 i 角不得大于 20''，否则应进行校正。

（2）校正　为了使水准管轴和视准轴平行，转动微倾螺旋使远点 A 的尺上读数 a_2 改变到正确读数 a'_2。此时视准轴由倾斜位置改变到水平位置，但水准管也因随之变动而气泡不再符合。用校正针拨动水准管一端的校正螺钉使气泡符合，则水准管轴也处于水平位置从而使水准管轴平等于视准轴。水准管的校正如图 2-22 所示。

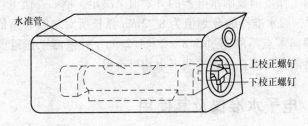

图 2-22　水准管的校正

校正时，先调整左右两校正螺钉，然后拨动上下两校正螺钉使气泡符合。拨动上下校正螺钉时，应先松一个再紧另一个，逐渐校正。当最后完成校正时，所有校正螺钉都应适度旋紧。

2.3.2 自动安平水准仪的检验与校正

1. 自动安平水准仪应满足的条件

圆水准器轴应平行于仪器的竖轴,十字丝横丝应垂直于竖轴。此两项的检验校正方法与微倾式水准仪相应项目的检校方法完全相同。唯一不同的是:水准仪在补偿范围内,应能起到补偿作用和望远镜初见准轴位置正确性的检验与校正。

2. 检验与校正

将自动安平水准仪放置在一点,在离仪器约 50m 处立一水准尺。安置仪器时使其中两个脚螺旋的连线垂直于仪器到水准尺连线的方向。用圆水准器整平仪器,读取水准尺上读数。旋转视线方向上的第三个脚螺旋,让气泡中心偏离圆水准零点少许,使竖轴向前稍倾斜,读取水准尺上读数。

然后再次旋转这个脚螺旋,使气泡中心向相反方向偏离零点并读数,重新整平仪器,用位于垂直于视线方向的两个脚螺旋,先后使仪器向左右两侧倾斜,分别在气泡中心稍偏离零点后读数。如果仪器竖轴向前后左右倾斜时所得读数与仪器整平时所得读数之差不超过 2mm,则可认为补偿器工作正常,否则应检查原因或送工厂修理。检验时圆水准器气泡偏离的大小,应根据补偿器的工作范围及圆水准器的分划值来决定。例如补偿工作范围为 $\pm 5'$,圆水准器的分划值为 $8'/2mm$ 弧长所对之圆心角值,则气泡偏离零点不应超过 $5/8 \times 2 = 1.2mm$。补偿器工作范围和圆水准器的分划值在仪器说明书中均可查得。

2.4 电子水准仪及其使用

电子水准仪在使用时需要搭配相应工具,详见表 2-7。

表 2-7 电子水准仪常用工具

序号	1	2	3	4
名称	精密水准仪	水准尺	电子水准仪	条纹编码尺

2.4.1 精密水准仪及水准尺

DS$_{05}$级和 DS$_1$级水准仪属于精密水准仪。精密水准仪主要用于精度较高的国家一、二级水准测量、大型桥梁工程、大型机械安装工程、建筑物沉降观测等高精度的工程测量。精密水准仪的构造和 DS$_3$ 水准仪基本相同，也是由望远镜、水准器和基座三部分组成，如图 2-23 所示是我国生产的 DS$_1$ 级精密水准仪。精密水准仪的主要特点是结构精密、性能稳定，即视准轴与水准管轴之间的平行关系稳定。

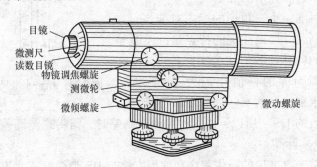

图 2-23　DS$_1$精密水准仪示意图

为了提高视准轴水平的精度，仪器配置的符合水准器其水准管分划值一般不大于 $10''/2\text{mm}$。为了提高读数精度，望远镜的亮度大，照准精度高，放大率 DS$_{05}$型不小于 45 倍，DS$_1$型不小于 38 倍，并在望远镜中装有能直读 0.1mm 或 0.05mm 的光学测微器读数装置。图 2-23 所示的精密水准仪的光学测微器最小读数为 0.05mm。

精密水准仪必须与精密水准尺配套使用，否则就不能体现精密水准仪的精密性能了。图 2-24 是国产 DS$_1$ 级水准仪配套使用的精密水准尺。

该尺全长 3m，在木质尺身中间的槽内，镶嵌一铟钢带尺（是一种膨胀系数极小的合金钢），带尺的底端固定，顶端用弹

簧拉紧，以保持尺身平直和不受木质
尺身长度伸缩的影响。在铟钢带尺上
标有左右两排分划，每排分划的最小
分划值均为 10mm，两排分划彼此错
开 5mm，呈交错形式。于是，把两排
的分划合在一起，便成为左、右交错
形式的分划。因此，左、右分划之间
的实际分划值为 5mm。铟钢带尺的右
边木尺上从 0～5 注记米数，左边注
记分米数。分米的分划线用大三角形
标志对准，小三角形的标志对准 5cm
的分划线。尺面注记的特点是：尺面
注记的各分划数值均为实际长度的 2
倍，即 5cm 的格值注记为 1dm。因
此，水准尺上的实际读数应该等于尺

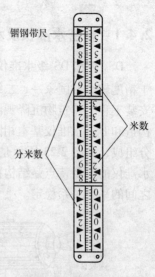

图 2-24 精密水准尺

面读数的 1/2。所以，用这种尺测量高差时，需将观测高差除以
2 才是实际高差。

精密水准仪的操作程序和使用方法与 DS₃ 型微倾式水准仪基
本相同（包括安置仪器、粗平、照准和精平均相同），只是读数
方法不同，精密水准仪的读数方法为，在仪器精确整平（用微
倾螺旋使目镜视场左侧的符合水准器气泡两端的像精确吻合）
后，转动测微轮，直至十字丝的楔形丝精确地夹住尺上的一条整
分划线（只能夹住一条整分划线），从望远镜里直接读出该分划
线的读数。

如图 2-25 所示为 1.97m（厘米以上的读数，直接在标尺上
读数），再从目镜右下方的测微尺读数上读取测微尺读数，图中
为 150mm（厘米以下的读数，在测微尺读数窗中的分划尺上读
取）。视准轴在水准尺上的完整读数为楔形丝所夹分划线的读数
与测微尺上读数两部分之和，即 1.97150m。由于尺面注记为
1cm 的实际值为 0.5cm，即读数需除以 2 才是尺面上的实际读

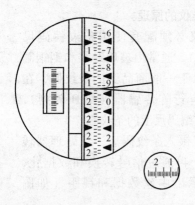

图 2-25 水准尺

数。分微尺上的格值为 0.05mm，而 10 格注记为 1mm，即读数也需要除以 2 才是分微尺上的实际读数。因此，上述读数的实际读数应该是 $1.97150m \div 2 = 0.98575m$。

实际作业时，一般不需要将每一读数都除以 2 求实际值，而是将各测段的高差除以 2，求出实际高差值。

2.4.2 电子水准仪及条纹编码尺

电子水准仪又称数字水准仪，是在水准仪望远镜光路中增加了分光镜和光电探测器（CCD）等部件，采用条形码分划水准尺和图像电子系统构成光、机、电及信息存储和处理的一体化水准测量系统，如图 2-26 所示。

图 2-26 电子水准仪实物图

1. 电子水准仪的原理

电子水准仪必须配套使用条纹编码尺（如图2-27所示），通常由玻璃纤维和铟钢制成，其外形类似于一般商品上的条纹码，在水准仪中安装有行阵传感器（CCD阵列），它可以识别条纹编码尺上的条纹码。

电子水准仪摄入条纹码后，经处理器转变成相应数字，再通过信号转换和数据化，在显示屏上显示出中丝数据和视距（如图2-28所示）。

图2-27　条纹编码尺

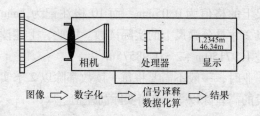

图2-28　电子水准仪原理示意图

2. 电子水准仪的使用

电子水准仪的操作面板拥有各种命令键和数字键，并有LCD显示屏显示数据和工作状态。观测量，电子水准仪在人工完成安置与粗平、瞄准目标（条纹编码水准尺）后，按下测量键后3～4s，就能显示出结果。其测量结果可以储存在电子水准仪内或通过电缆存入机带记录器中。

2.5　水准测量的误差及注意事项

2.5.1　仪器和工具的误差

测量工作中由于仪器、工具外界条件等因素的影响，使测量结果中都带有误差。为了保证测量成果的精度，测量过程中应杜绝错误，并提出水准测量中应注意的一些问题，从而采取一定的措施消除或减小误差的影响。

1. 残余误差

由于仪器校正的不完善，校正后仍存在部分残余误差，如视准轴与水准管轴不平行引起的误差、调焦引起的误差等。观测中可以保持前视和后视的距离相等来消除这些误差。

2. 水准尺的误差

水准尺的误差包括划分误差和构造上的误差，构造上的误差如零点误差和接头误差。另外，受其他因素影响产生的尺长变化、弯曲、零点磨损等，都会影响水准测量的成果，所以使用前应对水准尺进行检查。

2.5.2 观测误差

1. 气泡居中误差

视线水平是以气泡居中或符合为依据，居中或符合凭人眼来判断，也存在判断误差。气泡居中的精度主要决定于水准管的分划值，一般认为水准管居中的误差约为 0.1 分划值，采用符合水准器气泡居中的误差大约是直接观察气泡居中误差的 1/2。因此，它对读数产生的误差为

$$m_{\mathrm{T}} = \pm \frac{0.1T}{2\rho}S$$

式中　　T——水准管的分划值（″）；

　　　　ρ——弧度的秒值，$\rho = 206265''$；

　　　　S——视线长。

为了减小气泡居中误差的影响，应对视线长加以限制，观测时应使气泡精确地居中或符合。

2. 水准尺的估读误差

水准尺没有立直时，无论向哪一侧倾斜都会使读数增大，并且这种误差随尺的倾斜角和读数的增大而增大。例如，尽有 3°

的倾斜，读数超过1m时，可产生2mm的误差。为使尺能竖直，水准尺上最好装有水准器。

2.5.3 外界环境因素的影响

1. 仪器下沉和水准尺下沉

（1）仪器下沉　在读取后视读数和前视读数之间若仪器下沉了Δ，由于前视读数减少了Δ从而使高差增大了Δ（图2-29）。在松软的土地上，每一测站都可能产生这种误差。当采用双面尺或两次仪器高程时，第二次观测可先读前视点B，然后读后视点A，既以"后前前后"的顺序读数，则可使所测高差减少，两次高差的平均值可消除一部分仪器下沉的误差。用往测和返测时，同样也可消除部分误差。

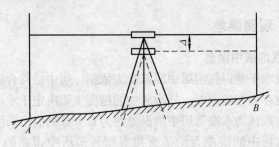

图 2-29　仪器下沉的影响

（2）水准尺下沉　在仪器从一个测站迁到下一个测站的过程中，若转点下沉了，则使下一测站的后视读数偏大，使高差也增大。在同样情况下返测，则使高差的绝对值减小。所以，取往返测得的平均高差可以减弱水准尺下沉的影响。

当然，在进行水准测量时，应选择坚实的地点安置仪器和转点，转点须垫上尺垫并踩实，以避免仪器和水准尺的下沉。

2. 地球曲率和大气折光引起的误差

（1）地球曲率引起的误差　理论上水准测量应根据水准面来测出两点的高差（如图2-30所示），但视准轴是一直线，因此使读数中含有由地球曲率引起的误差P：

$$P = \frac{S^2}{2R}$$

式中 S——视线长；

R——地球的半径。

(2) 大气折光引起的误差 水平视线经过密度不同的空气层被折射后，一般情况下会形成向下弯曲的曲线，它与理论水平线的读数之差，就是由大气折光引起的误差 γ（如图 2-30 所示）。实验得出：大气折光误差比地球曲率误差要小，是地球曲率的 K 倍，在一般大气情况下，$K = 1/7$，故

$$\gamma = K \frac{S^2}{2R} = \frac{S^2}{14R}$$

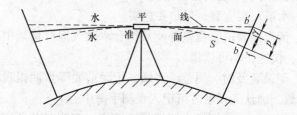

图 2-30 地球曲率和大气折光的影响

所以，水平视线的水准尺上的实际读数位于 b'，它与按水准面得出的读数 b 之差，就是地球曲率和大气折光总的影响值 f。故

$$f = p - \gamma = 0.43 \frac{S^2}{R}$$

当前视、后视距离相等时，这种误差在计算高差时可自行消除，但是接近地面的大气折光十分复杂，即使保持前视后视距离相等，大气折光误差也不能完全消除。由于 f 值与视线长度的平方成正比，所以，限制视线的长度可以使这种误差大为减小。此外，使视线离地面尽可能高些也可以减弱折光变化的影响。

3. 自然环境的影响

除了上述各种误差源外，测量工作中的影响也会带来误差，

如风吹、日晒、温度的变化和地面水分的蒸发等引起的仪器状态的变化、视线跳动等。所以，观测时应注意自然环境带来的影响。为了防止日光暴晒，仪器应打伞保护，无风的阴天是最理想的观测天气。

2.5.4 水准测量的注意事项

水准测量应根据测量规范规定的要求进行，以减小误差和防止错误发生。另外，在水准测量过程中，还应注意以下事项：

1）水准仪和水准尺必须经过检验和校正才能使用。

2）水准仪应安置在坚固的地面上，并尽可能使前后视距离相等，观测时手不能放在仪器或三脚架上。

3）水准尺要立直，尺垫要踩实。

4）读数前要消除视差并使其符合水准气泡严格居中，读数要准确、快速，不可读错。

5）记录要及时、规范、清晰，记录前要等量回报观测者报出的读数，确认无误后方可记入观测手簿中。

6）不得涂改或用橡皮擦掉外业数据，观测时若所记数据不能按要求更改时，要用斜线划去，另起行重记。

7）测站上观测和记录计算完成后要检核，发现错误或超出限差要立即重测。

8）注意保护测量仪器和工具，装箱时，脚螺旋、微倾螺旋和微动螺旋要在中间位置。

实训：根据测量数据，计算未知点高程

1. 闭合水准路线高差观测，已知 A 点高程 $H_A = 41.20\text{m}$，观测数据如图 2-31 所示，计算 B、C、D、E 点的高程。

2. 在水准点 BM_1 和 BM_2 之间时行等外水准测量，如图 2-32 所示，试将有关数据填写在表 2-8 中，并进行高程计算。（已知 BM_1 的高程为 113.128m，BM_2 的高程为 116.183m）

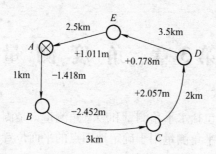

图 2-31　计算未知点的高程

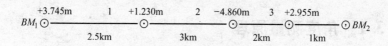

图 2-32　计算高程

表 2-8　水准测量高程调整表

测段编号	测点	测段长度/km	实测高差/m	改正数/m	改正后高差/m	高程/m	备注

第3章 角 度 测 量

角度测量包括水平角测量和竖直角测量，是测量的三项基本工作之一。水平角测量用于确定地面点的平面位置，竖直角测量用于间接测定地面点的高程。

本章将详细讲述利用经纬仪对各种角度测量的方法与计算。

3.1 角度测量原理

3.1.1 水平角测量原理

水平角是指地面上一点到两个目标点的方向线垂直投影到水平面上的夹角。如图 3-1 所示，设 A、B、C 是三个位于地面上不同高程的任意点，B_1A_1、B_1C_1 为空间直线 BA、BC 在水平面上的投影，B_1A_1 与 B_1C_1 的夹角 β 即为地面点 B 上由 BA、BC 两方向线构成的水平角。

为了测量水平角 β，可以设想在通过 B 点的上方水平地安置一个带有顺时针刻画、注记

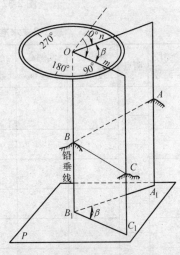

图 3-1　水平角测量原理示意图

的圆盘，称为水平度盘，并使其圆心 O 在过 B 点的铅垂线上，直线 BC、BA 在水平度盘上的投影为 Om、On；这时，若能读出 Om、On 在水平度盘上的读数 m 和 n，水平角 β 就等于 $m-n$，用公式表示为：$\beta=$ 右目标读数 $m-$ 左目标读数 n

　　由此可知，用于测量水平角的仪器，必须有一个能安置水平且能使其中心处于过测站点铅垂线上的水平度盘；必须有一套能精确读取度盘读数的读数装置；还必须有一套不仅能上下转动成竖直面，还能绕沿垂线水平转动的望远镜，以便精确照准方向、高度、远近不同的目标。水平角的取值范围为 0°~360°。

3.1.2　竖直角测量原理

　　在同一竖直面内，测站点到目标点的视线与水平线的夹角称为竖直角。如图 3-2 所示，视线 AB 与水平线 AB' 的夹角 α 为 AB 方向线的竖直角。其角值从水平线算起，向上为正，称为仰角；向下为负，称为俯角。范围为 0°~±90°。

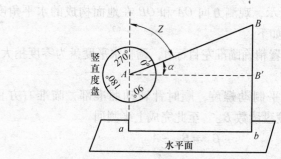

图 3-2　竖直角的测量原理

　　视线与测站点天顶方向之间的夹角称为天顶距。图 3-2 中以 Z 表示，其数值为 0°~180°，均为正值。显然，同一目标的竖直角 α 和天顶距 Z 之间有如下关系：

$$\alpha = 90° - Z$$

　　为了观测天顶距或竖直角，经纬仪上必须装置一个带有刻画和注记的竖直圆盘，即竖直度盘，该度盘中心安装在望远镜的旋转轴上，并随望远镜一起上下转动；竖直度盘的读数指标线与竖盘指标水准管相连，当该水准管气泡居中时，指标线处于某一固定位置。显然，照准轴水平时的度盘读数与照准目标时度盘读数之差，即为所求的竖直角 α。

3.2 水平角观测

3.2.1 测回法

　　测回法适用于观测两个照准目标之间的单角。这种方法要用盘左和盘右两个位置进行观测。观测时目镜朝向观测者，若竖盘位于望远镜的左侧，称为盘左；若竖盘位于望远镜的右侧，则称为盘右。通常先以盘左位置测角，称为上半测回；然后用盘右位置测角，称为下半测回。上下两个半测回合在一起称为一个测回。有时水平角需要多个测回。

　　如图 3-3 所示，观测方向 OA 和 OB 在地面构成的水平角度 β。观测的步骤如下：

　　1）盘左位置精确瞄准左目标 A，调整水平度盘为零度稍大，读数 $A_左$。

　　2）松开水平制动螺旋，顺时针转动照准部，瞄准右方目标，读取水平度盘读数 $B_左$。至此完成上半测回。

$$\beta_上 = B_左 - A_左$$

图 3-3　水平角的观测

　　3）松开水平及竖起制动螺旋，盘右瞄准右方目标，读取水平度盘读数 $B_右$，再瞄准左方目标读取 $A_右$。以上完成下半测回。

$$\beta_下 = B_右 - A_右$$

至此完成一测回。

$$\Delta = \beta_{上} - \beta_{下} \leqslant \pm 40$$
$$\beta = 1/2 \ (\beta_{上} - \beta_{下})$$

测回法观测记录手簿见表 3-1。

表 3-1 测回法观测记录手簿

测站	盘位	目标	水平度盘读数/(°′″)	半测回角值/(°′″)	一测回角值/(°′″)	备注
O	左	$A_{左}$	0 01 24	72 34 12	72 34 15	
		$B_{左}$	72 35 36			
	右	$A_{右}$	180 01 42	72 34 18		
		$B_{右}$	252 36 00			

根据测角精度的要求，可以测多个测回而取其平均值，作为最后成果。观测结果应及时记入手簿，并进行计算，看是否满足精度要求。

值得注意的是：上下两个半测回所得角值之差，应满足有关测量规范规定的限差，对于 DJ_6 级经纬仪，限差一般为 40″。如果超限，则必须重测。如果重测的两半测回角值之差仍然超限，但两次的平均角值十分接近，则说明是由于仪器误差造成的。取盘左盘右角值的平均值时，仪器误差可以抵消，所以各测回所得的平均角值是正确的。

3.2.2 方向观测法

方向观测法又称全圆测回法，当一个测站上有三个或三个以上的方向，需要观测多个角度时，通常采用方向观测法。方向观测法是以任一目标为起始方向（又称零方向），集中观测出其余各个方向相对于起始方向的方向值，则任意两个方向的方向值之差即为该两方向线之间的水平角。当方向数超过三个时，须在每个半测回末尾再观测一次零方向（即为归零），两次观测零方向的读数应该相等或差值不超过规定要求，其差值称"归零差"。

如图 3-4 所示，设在 O 点有 OA，OB，OC，OD 四个方向，其观测步骤如下。

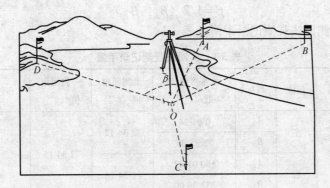

图 3-4　方向观测法

1）在 O 点安置仪器，对中、整平。

2）选择一个距离适中、俯仰角较小且影像清晰的方向作为起始方向，设为 OA。

3）盘左照准 A 点，并安置水平度盘读数，使其稍大于 0°，精确照准后读取水平度盘读数。

4）以顺时针方向依次照准 B、C、D 诸点。最后再照准 A 归零。在每次照准时，分别读取水平度盘读数。以上完成上半测回。

5）倒转望远镜改为盘右，以逆时针方向依次照准 A、D、C、B、A，每次照准时，分别读取水平度盘读数。以上完成下半测回。上下两个半测回构成一个测回。

6）如需观测多个测回时，为了消减度盘刻度不匀的误差，每个测回都要改变度盘的位置，即在照准起始方向时，改变度盘的安置读数。为使读数在圆周及测微器上均匀分布，度盘配置为180°。如需观测 3 个测回，则各测回度盘（零方向）应分别置于 0°、60°、120°。每次读数后，应及时记入手簿，见表 3-2。

表3-2 方向观测法观测记录手簿

测站	测回数	目标	水平度盘读数 左/(°′″)	水平度盘读数 右/(°′″)	2C/(″)	平均读数/(°′″)	归零方向值/(°′″)	各测回平均归零方向值/(°′″)	备注
1	2	3	4	5	6	7	8	9	10
0	1	A	0 02 42	180 02 42	0	(0 02 38) 0 02 42	0 00 00	0 00 00	
		B	60 18 42	240 18 30	+12	60 18 36	60 15 58	60 15 56	
		C	116 40 18	296 40 12	+6	116 40 15	116 37 37	116 37 28	
		D	185 17 30	5 17 36	−6	185 17 33	185 14 55	185 14 47	
		A	0 02 30	180 02 36	−6	0 02 33			
	2	A	90 01 00	270 01 06	−6	(90 01 09) 90 01 03	0 00 00		
		B	150 17 06	330 17 06	+6	150 17 03	60 15 54		
		C	206 38 30	26 38 24	+6	206 38 27	116 37 18		
		D	275 15 48	5 15 48	0	275 15 48	185 14 39		
		A	90 01 12	270 01 18	−6	90 01 15			

注: 1. 记录顺序: 盘左自上而下, 盘右自下而上。

　　2. 计算2C值: 2C值即为水准误差的两倍值, 2C=盘左读数−(盘右读数±180°), 2C本身为一常数, 故2C的变化可作为观测质量检查的一个指标。

　　3. 计算半测回归零差 Δ=零方向归零方向值−零方向起始方向值, 对于 DJ$_6$经纬仪, 其允许值(限差)为±18″。

　　4. 一测回盘左、盘右方向平均值: 当2C(照准误差)变化不大时, 取盘左、盘右读数的均值作为该方向一测回的最终方向值(只计算秒值)。

　　5. 当归零差满足规定值时, 则取两次读数(A点)平均值。

　　将起始方向读数化为0°00′00″, 并从其他各方向的正镜倒镜平均值减去起始方向的平均值(即括号内的数值), 再根据平均方向值算得需要的角度值。为避免错误及保证测角的精度, 对各项操作都规定了限差。规定的各项限差见表3-3。

表 3-3　方向观测法限差

经纬仪型号	半测回归零差	一测回内 2C 互差	同一方向值各测回互差
DJ$_2$	12	18	9
DJ$_6$	18		24

3.3　竖直角观测

3.3.1　竖直度盘的结构

为测竖直角而设置的竖起度盘（简称竖盘）固定安置于望远镜旋转轴（横轴）的一端，其刻划中心与横轴的旋转中心重合。所以在望远镜做竖直方向旋转时，度盘也随之转动。另外有一个固定的竖盘指标，以指示竖盘转动在不同位置时的读数，这与水平度盘是不同的。

竖直度盘的刻划也是在全圆周上刻为360°，但注记的方式有顺时针及逆时针两种。通常在望远镜方向上注以 0°及 180°，如图 3-5 所示。在视线水平时，指标所指的读数为 90°或 270°。竖盘读数也是通过一系列光学组件传至读数显微镜内读取。

对竖盘指标的要求，是始终能够读出与竖盘刻划中心在同一铅垂线上的竖盘读数。为了满足这个要求，它有两种构造形式：一种是借助于与指标固连的水准器指示，使其处于正确位置，早期的仪器都属此类，另一种是借助于自动补偿器，使其在仪器整平后，自动处于正确位置。

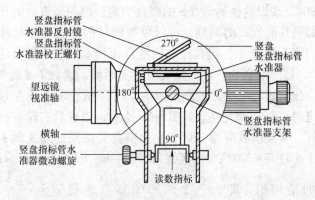

图 3-5　竖盘的构造

3.3.2　竖直角的观测方法

　　由竖直角的定义已知，它是倾斜视线与在同一铅垂面内的水平视线所夹的角度。由于水平视线的读数是固定的，所以只要读出倾斜视线的竖盘读数，即可求算出竖直角值。但为了了消除仪器误差的影响，同样需要用盘左、盘右观测。其具体观测步骤如下。

　　1）在测站上安置仪器，对中，整平。

　　2）以盘左照准目标，如果是指标带水准器的仪器，必须用指标微动螺旋使水准器气泡居中，然后读取竖盘读数 L，完成上半测回。

　　3）将望远镜倒转，以盘右用同样方法照准同一目标，使指标水准器气泡居中后，读取竖盘读数 R，完成下半测回。如果用指标带补偿器的仪器，在照准目标后即可直接读取竖盘读数。根据需要可测多个测回。

3.3.3　竖直角的计算

　　竖直角的计算方法因竖盘刻划的方式不同而异。但现在已逐渐统一为全圆分划，顺时针增加注字，且在视线水平时的竖盘读数为90°。现以这种刻划方式的竖盘为例，说明竖直角的计算方法，如遇其他方式的刻划，可以根据同样的方法推导其计算公式。如图3-6a所示，当在盘左位置且视线水平时，竖盘的读数为90°，如照准高处一点，则视线向上倾斜，读数 L （此时 $L < 90°$ ）。按前述的规定，竖直角应为"＋"值，所以盘左时的竖直角应为：$a_左 = 90° - L$。如图3-6b所示，当在盘右位置且视线水平时，竖盘读数应为270°，在照准高处的同一点 A 时，得读数 R （此时 $R > 270°$ ）。则竖直角应为：$a_右 = R - 270°$，取盘左、盘右的平均值，即为一个测回的竖直角值 $\alpha = \dfrac{\alpha_左 + \alpha_右}{2} = \dfrac{R - L - 180}{2}$。如果测多个测回，则取各个测回的平均值作为最后成果。

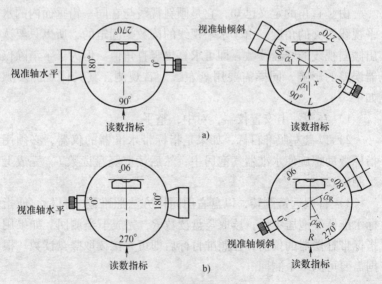

图3-6　竖盘顺时针注记

a）盘左　b）盘右

　　同理，可得出逆时针注记形式的竖直盘经纬仪的竖直角计算公式：

$$\alpha_{左} = L - 90°$$

$$\alpha_{右} = 270° - R$$

观测结果应及时记入记录手簿，见表3-4。

表3-4 竖直角观测记录手簿

测站	目标	盘位	竖直度盘读数/(° ′ ″)	半测回角值/(° ′ ″)	指标差/(° ′ ″)	一测回角值/(° ′ ″)	备注
O	A	左	69 29 48	+ 20 30 12	-12	+ 20 30 00	竖盘为顺时针注记形式
		右	290 29 48	+ 20 29 48			
	B	左	92 18 40	- 2 18 40	-13	- 2 18 53	
		右	267 40 54	- 2 19 06			

3.3.4 竖盘指标差

在观测过程中，若指标不位于过竖盘刻划中心的铅垂线上，如图3-7所示，则视线水平的读数不是90°或270°，这样用一个盘位测得的竖直角值，即含有误差 x，这个误差称为竖盘指标差。为求得正确角值，需要加指标差 x。即利用盘左、盘右照准同一目标的读数，求算指标差 x。如果竖盘指标的偏移方向与竖盘注记增加方向一致时，即视线水平时的读数大于90°或270°，x 为正值；反之，x 为负值。

在竖直角测量中，常常用指标差来检验观测的质量，即在观测的不同测回中或不同目标时，指标差的较差应不超过规定的限值。

例如用 DJ_6 经纬仪做一般工作时，指标差的较差要求不超过25″。此外，在单独用盘左或盘右观测竖直角时，加入指标差 x，仍可得出正确的角值。由于指标差 x 的存在，使得盘左、盘右读得的 L、R 均大了一个 x。为了得到正确的竖直角 α，则：

$$\alpha_{左} = 90° - (L - x)$$

$$\alpha_{右} = (R - x) - 270°$$

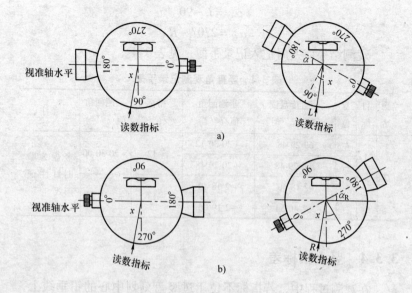

图 3-7　竖盘指标差

a) 盘左　b) 盘右

可见：

$$\alpha = \frac{\alpha_左 + \alpha_右}{2} = \frac{R - L - 180°}{2}$$

此时竖盘指标差的影响被消除。

因为竖盘指标差的计算公式为

$$x = \frac{\alpha_左 - \alpha_右}{2} = \frac{R + L - 360°}{2}$$

3.3.5　竖盘指标自动归零装置

在竖直角观测中，每次读数之前都必须转动竖盘指标水准管微动螺旋使气泡居中才能读取竖盘读数，否则，读数值就不正确。这样操作不仅影响观测速度，而且有时甚至因遗忘这一步骤而造成错误。为了克服这一缺点，近年来生产的经纬仪大多采用竖盘指标自动归零装置代替竖盘指标水准管。

当仪器在一定范围内稍有倾斜时，由于自动补偿器的作用，可使读数指标线自动居于正确位置。在进行竖直角观测时，瞄准目标即可读取竖盘读数，从而提高了竖直角观测的速度和精度。经纬仪竖盘指标自动归零装置常见结构有吊丝式和簧片式两种。

3.4 光学经纬仪及其基本操作

3.4.1 光学经纬仪的结构

1. 照准部

经纬仪是测量角度的仪器，当然同时也兼有其他测量功能。在第一章中我们了解到，我国的经纬仪系列分为 DJ_{07}，DJ_1，DJ_2，DJ_6，DJ_{15} 等几个级别。在 DJ_6 光学经纬仪外形示意图中，详细介绍了 DJ_6 光学经纬仪的组成，现在单独说说照准部。

照准部中包括望远镜、横轴及其支架、竖轴和控制望远镜及照准部旋转的制动和微动螺旋、水准管、光学对中器、竖盘装置以及读数设备等部件。望远镜的构造与水准仪的基本相同，主要不同之处在于望远镜调焦螺旋的构造、位置和分划板的刻线方式。分划板的刻划方式如图 3-8 所示，以适应照准不同目标的需要。

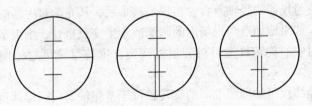

图 3-8 分划板的刻划方式

望远镜与横轴固连在一起，并且横轴水平安置在两个支架上，望远镜可绕其上下转动。在一端的支架上有一个制动螺旋，当旋紧时，望远镜不能转动；另有一个微动螺旋，在制动螺旋旋紧的条件下，转动它可使望远镜做上下微动，便于精确地照准目标。

竖盘装置包括竖直度盘和竖盘自动归零装置，竖盘固定在横轴的一端，随望远镜一起在竖直面内旋转，用来测定竖直角。

读数显微镜是用来读取度盘读数的装置，它装在望远镜目镜的一侧，打开反光镜，光线进入仪器后通过一系列光学组件，使水平度盘、竖直度盘及测微器的分划都在读数显微镜内显示出来，从而可以读取读数。

水准器用来标志仪器是否已经整平。它一般有两个：一个是圆水准器（有的在基座上，有的在照准部上），用来粗略整平仪器；一个是管水准器，用来精确整平仪器，保证照准部在水平面内旋转的精平工作。光学对中器是使仪器中心与地面标志对在一个铅垂线上，即对中工作，由目镜、物镜、带刻划的分划板和一块直角棱镜组成。其优点是不受风力的影响，精度较垂球高，它的构造如图3-9所示。

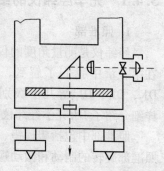

图3-9　光学对中器的构造

目镜的视线通过棱镜而偏转90°，以使其处于铅垂状态，且要保持与仪器的竖轴重合。当仪器整平后，从光学对中器的目镜看去，如果地面点与视场内的圆圈或十字交点重合，则表示仪器已经对中。旋转目镜可对分划板调焦，推拉目镜可对地面目标调焦。

经纬仪竖轴即照准部的旋转轴位于基座轴套内，望远镜连同照准部可绕竖轴在水平方向旋转，以照准不在同一铅垂面上的目标。照准部也有一对制动和微动螺旋，以控制其固定或在水平方向做微小转动。

DJ_2光学经纬仪除上述部件外，还装有度盘换像手轮，将读数显微镜内的水平度盘与竖直度盘的影像分开。当换像手轮上的刻线处于水平位置时，读数显微镜内呈现水平度盘的影像；当刻划处于竖直位置时，读数显微镜内呈现竖直度盘的影像。

2. 水平度盘

水平度盘独立安装在照准部底部：外罩内的竖轴外套上。根据照准部与度盘的关系，可分为两类：一类是照准部和度盘可以共同转动，也可以各自分别转动，这种仪器装有复测结构，因而称为复测经纬仪。它是利用一个复测扳手，使照准部与度盘可以脱开，也可以固连。当复测扳手扳下时，弹簧夹将度盘夹住，则旋转照准部时，度盘也一起转动，因而度盘读数不发生变化，其目的是使水平度盘上读数能控制在所需要的读数上；当复测扳手扳上时，弹簧夹与度盘脱离，则旋转照准部时，度盘保持不动，从而读数发生变化，这种仪器现在已比较少用。

另一类是照准部和度盘都可单独转动，但两者不能共同转动，称为方向经纬仪，精度在 DJ_2 级以上的经纬仪都是这种结构，现在很多 DJ_6 级经纬仪也采用这种结构。这类仪器有一个度盘变换手轮，转动它时，度盘在其本身的平面内单独旋转，可以在照准方向固定后，任意安置所需的度盘读数。为了防止无意中触动而改变读数，通常都设有保护装置。

3. 基座

经纬仪的基座与水准仪的基座相似，用来支承仪器，借助中心连接螺旋将仪器与三脚架相连。基座下部的三个脚螺旋可使基座升降仪器整平，基座上还有一个轴套固定螺旋，用来将仪器固定在基座上，使用时一定要拧紧该螺旋，以免照准部与基座分离而摔坏。

3.4.2 经纬仪的基本操作

在测量角度以前，首先要把经纬仪安置在设置有地面标志的测站点上。所谓测站点，即仪器对中的地面标志点。经纬仪的使用包括对中、整平、瞄准和读数。

1. 对中

对中的目的是使仪器的中心与测站点的标志中心处于同一铅垂线上。在安置仪器以前，首先将三脚架打开，抽出架腿，并旋紧架腿的固定螺旋，然后将三个架腿尽量安置在以测站点为中心的等边三角形的角顶上，这时架头平面应大致水平，且架头中心与测站点中心大致在同一铅垂线上。从仪器箱中取出仪器，用连接螺旋将仪器与三脚架固连在一起。

因为光学对中器的精度较高，且不受风力影响，因此，目前应用较多的是带光学对中器的仪器。使用光学对中器时，首先旋转光学对中器的目镜使其刻线清楚，再伸缩光学对中器长短使测站点清楚，然后一面观察光学对中器一面移动脚架，使光学对中器与地面点大致对准。待仪器精确整平后，再检查对中情况，然后旋松中心连接螺旋平移仪器精确对中。只有在仪器整平的条件下，光学对中器的视线才居于铅垂位置，此时对中才是正确的。

2. 整平

整平的目的是使竖轴居于铅垂位置。整平时要先使圆水准气泡居中，即粗略整平，根据圆水准气泡偏移方向，伸缩相关架腿，使圆气泡居中。伸缩架腿时，应先稍微松开架腿的螺旋并伸缩其长度，待气泡居中后，立即旋紧。再利用脚螺旋使管水准器气泡居中，即精确整平。如图 3-10a 所示，精确整平时，可以先使管水准器与两脚螺旋连线方向平行，然后以左手拇指原则，双手以相同速度反方向旋转这两个脚螺旋，使管水准器的气泡居中。再将照准部旋转 90°，用另外一个脚螺旋使气泡居中，如图 3-10b 所示。这样反复进行，直至管水准器在任一方向上气泡都居中为止。

整平中，由于脚螺旋的转动，使仪器竖轴位置发生变化，会影响仪器的对中，因此须再次进行对中和整平工作，直到这两项都满足为止。经纬仪的对中和整平工作称为经纬仪的安置。利用光学对中器法进行经纬仪安置的步骤总结如下：

（1）粗略对中　移动两架腿同时观察光学对中器，使其刻

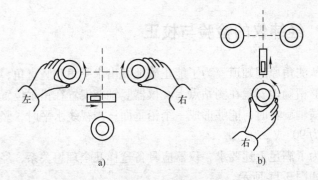

图 3-10 精确整平

线中心与测站中心大致对准。

（2）粗略整平 伸缩架腿长度，使圆气泡居中。

（3）精确整平 调节脚螺旋，使管水准器的气泡各方向上居中。

（4）精确对中 旋松中心连接螺旋平移仪器，使光学对中器刻线中心与测站中心精确对准。

3. 瞄准

将目镜调焦后，使十字丝最清晰，然后利用望远镜上的粗瞄器粗略瞄准目标，旋紧水平制动螺旋和望远镜制动螺旋，进行物镜调焦，消除视差后利用照准部微动螺旋和望远镜微动螺旋用十字丝精确瞄准目标。对于细的目标，宜用单丝照准，使单丝平分目标像；对于粗的目标，宜用双丝照准，使目标像平分双丝，以提高照准的精度。

4. 读数

读数前，打开反光镜，使读数窗内光线明亮，调节读数显微镜的目镜使度盘影像清晰，消除视差，最后按前面所讲的读数方法读数。

3.5 经纬仪的检验与校正

从测角原理知道：为了能正确地测出水平角和竖直角，仪器要能够精确地安置在测站点上；仪器竖轴能安置在铅垂位置；视线绕横轴旋转时，能够形成一个铅垂面；当视线水平时，竖盘读数应为90°或270°。

为了满足上述要求，仪器应具备这样几个理想关系，经纬仪轴线如图3-11所示。

（1）照准部的水准管轴应垂直于竖轴　如满足这一关系，需利用水准管整平仪器后，竖轴才可以精确地位于铅垂位置。

（2）圆水准器轴应平行于竖轴　如满足这一关系，则利用圆水准器整平仪器后，仪器竖轴才可粗略地位于铅垂位置。

（3）十字丝竖丝应垂直于横轴　如满足这一关系，则当横轴水平时，竖丝位于铅垂位置。这样，一方面可利用它检查照准的目标是否倾斜，同时也可利用竖丝的任一部位照准目标，以便于工作。

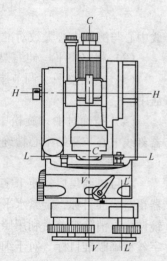

图 3-11　经纬仪轴线

（4）视线应垂直于横轴　如满足这一关系，则在视线绕横轴旋转时，可形成一个垂直于横轴的平面。

（5）横轴应垂直于竖轴　如满足这一关系，则当仪器整平后，横轴即水平，视线绕横轴旋转时，可形成一个铅垂面。

（6）光学对中器的视线应与竖轴的旋转中心线重合　如果满足这一关系，则利用光学对中器对中后，竖轴旋转中心才位于过地面点的铅垂线上。

（7）视线水平时竖盘读数应为 90°或 270°　如果这一条件不满足，则有指标差存在，给竖直角的计算带来不便。

经纬仪检验的目的，就是检查上述的各种关系是否满足。如果不能满足，且偏差超过允许的范围时，则需进行校正。检验和校正应按一定的顺序进行，确定这些顺序的原则如下：

1）如果某一项不校正好，会影响其他项目的检验时，则这一项先做。

2）如果某些项目要校正同一部位，则会互相影响，在这种情况下，应将重要项目放在后边检验，以保证其条件不被破坏。

3）有的项目与其他条件无关，则先后均可。

接下来将分别说明各项检验与校正的具体操作方法。

3.5.1　照准部水准管轴垂直于仪器竖轴的检校

1. 检验

如图 3-12 所示，先将仪器粗略整平后，使水准管平行于一对相邻的脚螺旋，并用这一对脚螺旋使水准管气泡居中，这时水准管轴已居于水平位置。如果两者不相垂直，则竖轴不在铅垂位置。然后将照准部平转 180°，由于它是绕竖轴旋转的，竖轴位置不动，则水准管轴偏移水平位置，气泡也不再居中。如果两者不相垂直的偏差为 α，则平转后水准管轴与水平位置的偏移量为 2α。

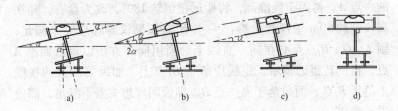

图 3-12　照准部水准管轴垂直于竖轴的检验与校正

2. 校正

校正时用脚螺旋使气泡退回原偏移量的一半，则竖轴便处于铅垂位置，如图 3-12 所示。再用校正装置升高或降低水准管的一端，使气泡居中，则条件满足。

如果要使水准管的右端降低，则先顺时针转动下边的螺旋，再顺时针转动上边的螺旋；反之，则先逆时针转动上边的螺旋，再逆时针转动下边的螺旋。校正好后，应以相反的方向转动上下两个螺旋，将水准管固紧。

3.5.2　圆水准器轴平行于竖轴的检校

1. 检验

利用已校好的照准部水准管将仪器整平，这时竖轴已居铅垂位置。如果圆水准器的理想关系满足，则气泡应该居中。否则需要校正。

2. 校正

在圆水准器盒的底部有三个校正螺钉，根据气泡偏移的方向，将其旋进或旋出，直至气泡居中则条件满足。校正好后，应将三个螺钉旋紧，使其紧固。

3.5.3　视线垂直于横轴的检校

1. 检验

如图 3-13 所示，选一长约 100m 的平坦地面，将仪器架设于中间 D 处，并将其整平。先以盘左位置照准设于离仪器约 50 m 的一点 A。再固定照准部，将望远镜倒转 180°，改为盘右，并在离仪器约 50m 于视线上标出一点 B_1。如果仪器理想关系满足，则 A、O、B_1 三点必在同一直线上。当用同样方法以盘右照准 A 点，再倒转望远镜后，视线应落于 B_1 点上。如果第二次的视线未落于 B_1 点，而是落于另一点 B，即说明理想关系不满足，需要进行校正。

2. 校正

由于视线是由物镜中心和十字丝交点构成的，所以校正的部位仍为十字丝分划板。校正分划板左右两个校正螺旋，则可使视

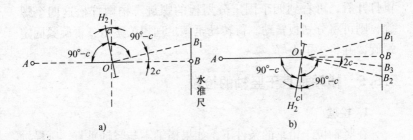

图 3-13 视准轴的检验与校正

a）盘左 b）盘右

线左右摆动。旋转校正螺旋时，可先松一个，再紧另一个。待校正至正确位置后，应将两个螺旋旋紧，以防松动。

3.5.4 十字丝竖丝垂直于仪器横轴的检校

1. 检验

以十字丝竖丝的一端照准一个小而清晰的目标点，再用望远镜的微动螺旋使目标点移动到竖丝的另一端。如果目标点到另一端时仍位于竖丝上，则理想关系满足。否则，需要校正，如图 3-14 所示。

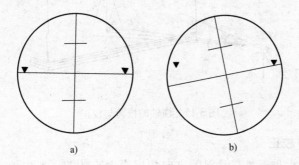

图 3-14 十字丝检验

2. 校正

校正的部位为十字丝分划板，它位于望远镜的目镜端。将护罩打开后，可看到四个固定分划板的螺旋。稍微拧松这四个螺旋，则可将分划板转动。待转动至满足理想关系后，再旋紧固定螺旋，并将护罩上好。

3.5.5　横轴垂直于竖轴的检校

1. 检验

在竖轴位于铅垂的条件下，如果横轴不与竖轴垂直，则横轴倾斜。如果视线已垂直横轴，则绕横轴旋转时构成的是一个倾斜平面。根据这一特点，在做这项检验时，应将仪器架设在一个高的建筑物附近。如图 3-15 所示，当仪器整平以后，在望远镜倾斜约 30°左右的高处，以盘左照准一清晰的目标点 P，然后将望远镜放平，在视线上标出墙上的一点 P_1。再将望远镜改为盘右，仍然照准 P 点，并放平视线，在墙上标出一点 P_2。如果仪器理想关系满足，则 P_1、P_2 两点重合。否则，说明这一理想关系不满足，需要校正。

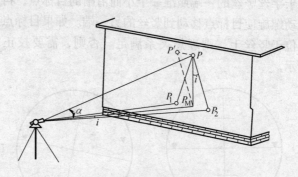

图 3-15　横轴的检验与校正

2. 校正

由于盘左盘右倾斜的方向相反而大小相等，所以取 P_1、P_2 的中点 P_M，则 P、P_M 在同一铅垂面内。然后照准 P_M 点，将望远镜抬高，则视线必然偏离 P 点，而落在 P' 处。在保持仪器不动的条件下，反复校正横轴的一端，直到视线落在 P 上，则完成校正工作。

在校正横轴时，需将支架的护罩打开。其内部的校正装置，是一个偏心轴承，当松开三个轴承固定螺旋后，轴承可做微小转动，以迫使横轴端点上下移动。待校正好后，要将固定螺旋旋紧，并上好护罩。

3.5.6 光学对中器的视线与竖轴旋转中心线重合的检校

1. 检验

如果这一理想关系满足，光学对中器的望远镜绕仪器竖轴旋转时，视线在地面上照准的位置不变。否则，视线在地面上照准的轨迹为一个圆圈。

由于光学对中器的构造有安装在照准部上和基座上两种，所以检验的方法也不同。对于安装在照准部上的光学对中器，将仪器架好后，在地面上铺以白纸，在纸上标出视线的位置，然后将照准部平转180°，如果视线仍在原来的位置，则理想关系满足。否则，需要校正。

对于安装在基座上的光学对中器，由于它不能随照准部旋转，不能采用上述的方法。可将仪器平置于稳固的桌子上，使基座伸出桌面。在离仪器13m左右的墙面上铺以白纸，在纸上标出视线的位置，然后在仪器不动的条件下将基座旋转180°，如果视线偏离原来的位置，则需校正。

2. 校正

造成光学对中器误差的原因有两个：一个是在直角棱镜上视线的折射点不在竖轴的旋转中心线上；另一个是望远镜的视线不与竖轴的旋转中心线垂直，或者直角棱镜的斜面与竖轴的旋转中心线不成45°。

由于前一种原因影响极小，所以常校正后者。不同厂家生产的仪器，可校正的部位也不同。有的是校正对中器的望远镜分划板；有的则是校正直角棱镜。

由于检验时所得前后两点之差是由二倍误差造成的，因而在标出两点的中间位置后，校正有关的螺旋，使视线落在中间点上即可。对中器分划板的校正与望远镜分划板的校正方法相同。直角棱镜的校正装置位于两支架的中间。

3.5.7 竖盘指标差的检校

1. 检验

检验竖盘指标差的方法，是用盘左、盘右照准同一目标，并读得其读数 L 和 R 后，计算其指标差值。

2. 校正

保持盘右照准原来的目标不变，这时的正确读数应为 $R-x$。用指标水准管微动螺旋将竖盘读数安置在 $R-x$ 位置上，这时水准管气泡必不再居中，调节指标水准管校正螺旋，使气泡居中即可。

上述的每一项校正，一般都需反复进行几次，直至其误差在允许的范围以内。

3.6 角度观测的误差及注意事项

在角度观测的过程中，即使各个工作环节处于相对理想状态，测量的结果仍然会含有不同层次的误差。为了获得符合精度要求的测量结果，分析研究这些误差产生的原因、性质、大小，就可以采取不同的措施削弱其对测量结果的影响，同时也有助于预估影响的大小，从而判断结果的可靠性。影响测角误差的因素有以下几种。

3.6.1 仪器误差

仪器虽经过检验及校正，但总会有残余的误差存在。仪器误差的影响，一般都是系统性的，可以在工作中通过一定的方法予以消除或减小。

主要的仪器误差有：水准管轴不垂直于竖轴，视线不垂直于横轴、横轴不垂直竖轴、照准部偏心，光学对中器视线不与竖轴旋转中心线重合及竖盘的指标差等。

1. 水准管轴不垂直于竖轴

这项误差影响仪器的整平，即竖轴不能严格铅垂，横轴也不水平。但安置好仪器后，它的倾斜方向是固定不变的，不能用盘左盘右消除。如果存在这一误差，可在整平时于一个方向上使气泡居中后，再将照准部平转 180°，这时气泡必然偏离中央。然后用脚螺旋使气泡移回偏离值的一半，则竖轴即可铅垂。这项操作要在互相垂直的两个方向上进行，直至照准部旋转至任何位置时，气泡虽不居中，但偏移量不变为止。

2. 视线不垂直于横轴

因为横轴不垂直竖轴，则仪器整平后竖轴居于铅垂位置，横轴必发生倾斜。视线绕横轴旋转所形成的不是铅垂面，而是一个倾斜平面。采用盘左、盘右观测取平均值的方法，可以消除影响。

3.6.2 目标偏心误差

所谓照准部偏心，即照准部的旋转中心与水平盘的刻划中心不相重合。这项误差只有在直径一端有读数的仪器才有影响，而采用对径符合读法的仪器，可将这项误差自动消除。如图 3-16 所示，度盘的刻划中心为 O，而照准部的旋转中心为 O_1。当仪器的照准方向为 A 时，其度盘的正确读数应为 a。但由于偏心的存在，实际的读数为 a_1。即为这项误差的影响。

照准部偏心影响的大小及符号依偏心方向与照准方向的关系而变化。如果照准方向与偏心方向一致，其影响为零；两者互相垂直时，影

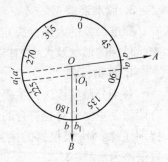

图 3-16　照准部偏心差

响最大。照准方向为 A 时，读数偏大，而照准方向为 B 时，则读数偏小。

当用盘左、盘右观测同一方向时，其影响值大小相等而符号相反，在取读数平均值时，可以抵消。

3.6.3 观测误差

造成观测误差的原因有两个：一是工作时不够细心；二是受人的器官及仪器性能的限制。观测误差主要有：测站偏心、目标偏心、照准误差及读数误差。对于竖直角观测，则有指标水准器的调平误差。

1. 测站偏心

观测方向与偏心方向越接近90°，边长越短，偏心距 e 越大，则对测角的影响越大。所以在测角精度要求一定时，边越短，则对中精度要求越高。

2. 目标偏心

在测角时，通常都要在地面点上设置观测标志，如花杆、垂球等。造成目标偏心的原因可能是标志与地面点对得不准，或者标志没有铅垂，而照准标志的上部时使视线偏移。

与测站偏心类似，偏心距越大，边长越短，则目标偏心对测角的影响越大。所以在短边测角时，尽可能用垂球作为观测标志。

3. 照准误差

照准误差的大小，决定于人眼的分辨能力、望远镜的放大率、目标的形状及大小和操作的仔细程度。

4. 读数误差

对于分微尺读法，主要是估读最小分划的误差，对于对径符合读法，主要是对径符合的误差所带来的影响，所以在读数时宜特别注意。DJ_6 级仪器的读数误差最大为 $\pm 12''$，DJ_2 级仪器的读数误差为 $\pm 2'' \sim 3''$。

5. 竖盘指标水准器的整平误差

在读取竖盘读数以前，须先将指标水准器整平。DJ$_6$级仪器的指标水准器分划值一般为30″，DJ$_2$级仪器一般为20″。这项误差对竖直角的影响是主要因素。操作时宜分外注意。

3.6.4 外界条件的影响

外界条件的因素十分复杂，如天气的变化、植被的不同、地面土质松紧的差异、地形的起伏，以及周围建筑物的状况等，都会影响测角的精度。有风会使仪器不稳，地面土松软可使仪器下沉，强烈阳光照射会使水准管变形，视线靠近反光物体，则有折光影响。这些在测角时，应注意尽量予以避免。

实训：计算观测数据

1. 用方向观测法观测 5 个方向一测回的观测数据如图 3-17 所示，请将观测数据填入表 3-5 中，并计算归零后各方向值 α、β 和 γ。

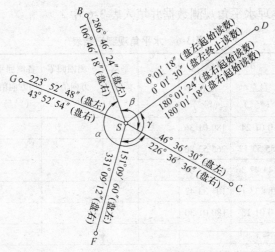

图 3-17 用方向观测法计算各方向的值

表 3-5　水平角观测手簿（方向观测法）

日期：　　　　　　　　天　气：　　　　　　　　班　级：
仪器：　　　　　　　　观测者：　　　　　　　　记录者：

测站	测回数	目标	读数		2C	平均读数	归零后的方向值	各测回归零方向值的平均值	略图
			盘左	盘右					
			° ′ ″	° ′ ″	″	° ′ ″	° ′ ″	° ′ ″	
S	1					(0 01 22)			
		D	0 01 18	180 01 18	0	0 01 18	0 00 00		
		C	46 36 30	226 36 36	−6	46 36 33	46 35 11		
		F	151 09 06	331 09 12	−6	151 09 09	151 07 47		
		G	223 52 48	43 52 54	−6	223 52 51	223 51 29		
		B	286 46 24	106 46 18	+6	286 46 21	286 44 59		
		D	0 01 30	180 01 24	+6	0 01 27			
			$\Delta_左=12''$	$\Delta_右=6''$					

2. 整理水平角观测数据并填入表 3-6 中。

表 3-6　水平角观测记录表

测站	测回数	目标	水平盘读数		2C/ (″)	平均读数/ (° ′ ″)	一测回归零方向值/ (° ′ ″)	各测回平均方向值/ (° ′ ″)	角值/ (° ′ ″)
			盘左/ (° ′ ″)	盘右/ (° ′ ″)					
P	1	C	0 01 24	180 01 36					
		D	85 53 12	265 53 36					
		B	144 42 36	324 43 00					
		A	284 33 12	104 33 42					
		C	0 01 18	180 01 30					

（续）

测站	测回数	目标	水平盘读数		2C/ ('″)	平均读数/ (°′″)	一测回归零方向值/ (°′″)	各测回平均方向值/ (°′″)	角值/ (°′″)
			盘左/ (°′″)	盘右/ (°′″)					
P	2	C	90 02 30	270 02 48					
		D	175 54 06	355 54 30					
		B	234 43 42	54 44 00					
		A	14 34 18	194 34 42					
		C	90 02 30	270 02 54					

3. 将竖直角测量的成果整理并填入表 3-7 中。

表 3-7 竖直角观测记录表

测站	目标	竖盘位置	竖盘读数/(°′″)	半测回竖直角/(°′″)	指标差/('″)	一测回竖直角/(°′″)	备注
Q	M	左	102 03 30				竖盘为顺时针注记形式
		右	257 56 00				
	N	左	86 18 06				
		右	273 41 12				

第4章 距离测量与直线定向

距离测量是测量的基本工作之一。测量中常需测量两点间的水平距离，所谓水平距离是指地面上两点垂直投影到水平面上的直线距离。

实际工作中，需要测定距离的两点一般不在同一水平面上，沿地面直接测量所得距离往往是倾斜距离，需将其换算为水平距离，如图4-1所示。测定距离的方法有钢尺量距、视距测量、光电测距等。为了确定地面上两点间的相对位置关系，还要测量两点连线的方向。

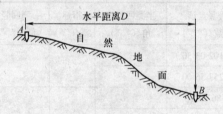

图4-1 两点间的水平距离

本章主要介绍距离丈量、视距测量和光电测距的基本方法及直线定向和用罗盘仪测定磁方位角。

4.1 距离丈量

1. 地面标志的设立

在测量水平距离之前，需要在所测直线两端做出标志，临时性的标志可用长约30cm，粗约5cm的木桩打入地下，并在桩顶钉一小钉或刻"＋"形标记，以便精确表示点位。若长期

保存，则应埋设永久性的标志，应
做成钢筋混凝土桩或石桩，也可直
接在裸露的岩石上凿一标记，并涂
上红漆予以标定位置。观测时，为
了在距离远时能明显看到目标，可
在点位竖立花杆，并在杆顶立一小
旗，如图 4-2 所示。

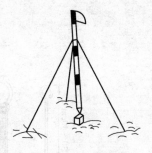

2. 工具与设备

常用的工具与设备见表 4-1。

图 4-2　地面标志的设立

表 4-1　距离测量常用的工具与设备

编号	1	2	3	4
工具名称	钢尺	标杆	测钎	垂球

（1）钢尺　钢尺是采用经过一定处理的优质钢制成的带状
尺，长度通常有 20m、30m 和 50m 等几种，卷放在金属架上或
圆形盒内。钢尺按零点位置分为端点尺和刻线尺。端点尺（如
图 4-3a 所示）尺长的零点是以尺的最外端起始，此种尺从建筑
物竖直面接触量起较为方便；刻线尺（如图 4-3b 所示）是以尺
上第一条分划线作为尺子的零点，此种尺丈量时，用零点分划线
对准丈量的起始点位较为准确、方便。

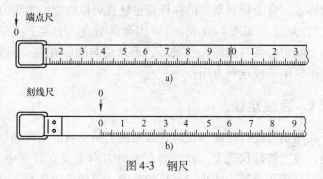

图 4-3　钢尺

（2）辅助工具　如图 4-4 所示，常见的辅助工具有以下几种：

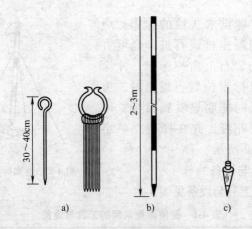

图 4-4 常见辅助工具

a）测钎 b）花杆 c）垂球

1）测钎（如图 4-4a 所示）。用钢筋制成，上部弯成小圈，下部尖形。直径 3~6mm，长度 30~40cm。钎上可用油漆涂成红、白相间的色段。量距时，将测钎插入地面，用以标定尺段端点的位置，也可作为照准标志。

2）花杆（如图 4-4b 所示）。由木料或合金材料制成，直径约 3cm、全长有 2m、2.5m 及 3m 等几种。杆上油漆成红、白相间的 20cm 色段，标杆下端装有尖头铁脚，以便插入地面，作为照准标志。合金材料制成的标杆重量轻且可以收缩，携带方便。

3）垂球（如图 4-4c 所示）。用金属制成，上大下尖呈圆锥形，上端中心系一细绳，悬吊后，垂球尖与细绳在同一垂线上。在量距时用于投点对点用。

4.1.1 直线定线

在用钢尺进行距离测量时，若地面上两点间的距离超过一整尺段，或地势起伏较大，此时要在直线方向上设立若干中间点，将全长分成几个等于或小于尺长的分段，以便分段丈量，这项工作称为直线定线。在一般距离测量中常用拉线定线法，而在精密距离测量中则采用经纬仪定线法。下面介绍两种目测定线法。

1. 两点间通视时花杆目测定线

首先在待测距离两个端点 A、B 上竖立标杆。如图 4-5 所示，一个作业员立于端点 A 后 1～2m 处，瞄准 A、B，并指挥另一位持杆作业员左右移动标杆 2，直到三个标杆在一条直线上。然后将标杆竖直插下。

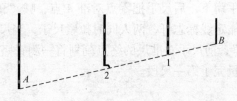

图 4-5　目测定线

2. 两点间不通视时花杆目测定线

如图 4-6 所示，A、B 两点之间不通视，可以采用逐渐趋近法把 C、D 两点标定在 AB 直线方向上。在 A、B 两点竖立花杆，甲、乙两人各持花杆站在 C、D 点的大概位置 C_1、D_1，其中甲与 B 点通视，乙与 A 点通视。甲指挥乙左右移动直至 C_1、D_1、B 共线；然后由乙指挥甲左右移动直至 D_1、C_2、A 共线。这样逐渐趋近，使 A、C、D、B 四点共线即可。

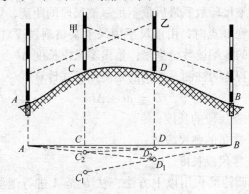

图 4-6　过高地定线

4.1.2 钢尺量距的一般方法

1. 在平坦地面上丈量

【例】要丈量平坦地面上 A、B 两点间的距离，其做法如下。

先在标定好的 A、B 两点立标杆，进行直线定线。如图 4-7 所示，然后进行丈量。丈量时后尺手拿尺的零端，前尺手拿尺的末端，两尺手蹲下，后尺手把零点对准 A 点，喊"预备"，前尺手把尺边紧靠定线标志钎，两人同时拉紧尺子，当尺拉稳后，后尺手喊"好"，前尺手对准尺的终点刻划将一测钎竖直插在地面上，这样就量完了第一尺段。

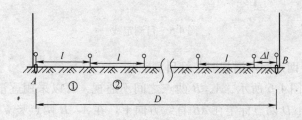

图 4-7 在平坦地面上丈量

用同样的方法，继续向前量第二、第三……第 N 尺段。量完每一尺段时，后尺手必须将插在地面上的测钎拔出收好，用来计算量过的整尺段数。最后量不足一整尺段的距离，如图 4-7 所示，当丈量到 B 点时，由前尺手用尺上某整刻划线对准终点 B，后尺手在尺的零端读数至毫米，量出零尺段长度 Δl。

上述过程称为往测，往测的距离用下式计算：

$$D = nl + \Delta l$$

式中　l——整尺段的长度；

　　　n——丈量的整尺段数；

　　　Δl——零尺段长度。

接着再调转尺头用以上方法，从 B 至 A 进行返测，直至 A 点为止。然后再依据上式计算出返测的距离。一般往返各丈量一次称为一测回，在符合精度要求时，取往返距离的平均值作为丈量结果。量距记录手簿见表 4-2。

表 4-2　一般钢尺量距记录手簿

测线	观测值			精度	平均值	备注
	整尺段	非整尺段	总长			
AB 往	3×30m	7.309m	97.309m	1/2500	97.328m	
AB 返	3×30m	7.347m	97.347m			

2. 在倾斜地面上丈量

当地面稍有倾斜时，可把尺一端稍抬高，就能按整尺段依次水平丈量，如图 4-8a 所示，分段量取水平距离，最后计算总长。若地面倾斜较大，则使尺子一端靠高地点桩顶，对准端点位置，尺子另一端用垂球线紧靠尺子的某分划，将尺拉紧且水平。放开垂球线，使它自由下坠，垂球尖端位置，即为低点桩顶。然后量出两点的水平距离，如图 4-8b 所示。

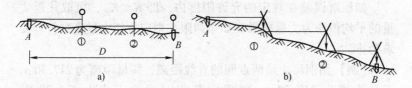

图 4-8　倾斜地面上丈量
a）缓坡丈量　b）陡坡丈量

当倾斜地面坡度均匀时，可以将钢尺贴在地面上量斜距 L。用水准测量方法测出高差 h，再将丈量的斜距换算成平距，称为倾斜量距法。

此时水平距离 D 为：$D = \sqrt{L^2 - h^2}$ 或 $D = L + \Delta D_h$。其中，ΔD_h 为量距的倾斜改正，$\Delta D_h = -\dfrac{h^2}{2L}$，若测得地面的倾角 α，则：$D = L\cos\alpha$。在倾斜地面上丈量，仍需往返进行，在符合精度要

求时，取其平均值作为丈量结果。

4.1.3　钢尺量距的精密方法

一般方法量距，忽略了尺长误差、外界因素对量距的影响，量距精度一般只能达到 1/1000 ~ 1/4000。对于精度要求较高的量距，如施工放样中某些部位的测设，常常要求量距精度达到 1/10000 ~ 1/40000。

为了避免错误和判断丈量结果的可靠性，并提高丈量精度，距离丈量要求往返丈量。用往返丈量的较差 ΔD 与平均距离 $D_{平}$ 之比来衡量它的精度，此比值用分子等于 1 的分数形式来表示，称为相对误差 K，即：

$$\Delta D = D_{往} - D_{返}$$

$$D_{平} = \frac{1}{2}(D_{往} + D_{返})$$

$$K = \frac{1}{D_{平} / |\Delta D|}$$

如相对误差在规定的允许限度内，即 $K \leqslant K_{允}$，可取往返丈量的平均值作为丈量成果。如果超限，则应重新丈量直到符合要求为止。

【例】 用钢尺丈量两点间的直线距离，往量距离为 217.30m，返量距离为 217.38m，现规定其相对误差不应大于 1/2000，试问：

（1）所丈量成果是否满足精度要求？

（2）按此规定，若丈量 100m 的距离，往返丈量的较差最大可允许相差多少毫米？

解： 由题意知：

$$D_{平} = \frac{1}{2}(D_{往} + D_{返}) = \frac{1}{2} \times (217.30 + 217.38) = 217.34(m)$$

$$\Delta D = D_{往} - D_{返} = 217.30 - 217.38 = -0.08(m)$$

$$K = \frac{1}{D_{平} / |\Delta D|} = \frac{1}{217.34 / |-0.08|} = \frac{1}{2700}$$

由于: $K < K_允 = \dfrac{1}{2000}$

因此所丈量成果满足精度要求。

又由 $K = \dfrac{\Delta D}{D_平}$ 知:

$$|\Delta D| = KD_平 = \dfrac{1}{2000} \times 100 = 0.05(\text{m})$$

$$\Delta D \leqslant \pm 50\text{mm}$$

即往返丈量的较差最大可相差 $\pm 50\text{mm}$。

4.1.4　误差分析

钢尺量距的主要误差来源为以下几个方面。

1. 定线误差

在量距时由于钢尺没有准确地安放在待量距离的直线方向上, 所量的是折线, 不是直线, 造成量距结果偏大。

2. 尺长误差

如果钢尺的名义长度和实际长度不符, 则产生尺长误差。尺长误差与所丈量的距离成正比, 往返测量不可消除, 高精度距离测量时应加尺长改正, 即:

$$\Delta l_d = \dfrac{\Delta l}{l_0} l$$

式中　Δl_d——尺段的尺长改正数 (mm);

　　　　l——尺段的观测结果 (m);

　　　　Δl——尺长改正数 (m);

　　　　l_0——钢尺的名义长度 (m)。

3. 温度误差

钢尺的长度随温度而变化, 当丈量时的温度和检定温度不一致时, 距离测量产生温度误差。钢尺温度改正公式为:

$$\Delta l_t = \alpha(t - t_0)l$$

式中　Δl_t——尺段的温度改正数 (mm);

　　　　α——钢尺的线膨胀系数;

t——钢尺使用时的温度（℃）；

t_0——钢尺检定时的温度（℃）；

l——尺段的观测结果（m）。

其中钢尺膨胀系数按 1.25×10^{-5} 计算。需要注意的是温度应为钢尺表面温度。

4. 钢尺倾斜和垂曲误差

钢尺倾斜误差是由于地面高低不平，钢尺沿地面丈量时，没有保持钢尺的水平造成的误差。钢尺垂曲误差是钢尺悬空丈量时，尺面受重力出现垂曲成为曲线造成的误差。

5. 拉力误差

钢尺在丈量时所受拉力应与检定时拉力相同，否则产生拉力误差。钢尺弹性模量按 $E = 2 \times 10^5 \text{MPa}$ 计算。拉力变化 70N，尺长出现约 1/10000 相对误差。

6. 对点误差

丈量时，用测钎在地面上对点、投点不准，或前、后尺手配合不当，或读数不准等，都会引起误差。

4.2　视距测量

4.2.1　视准轴水平时的视距计算公式

在地面高低起伏较大，直接量距遇到困难时，可采用经纬仪视距法测距。这是一种同时测定两地间的水平距离和高差的间接测量方法，其精度虽不如直接量距，但因操作方便，速度较快，又不受地形起伏的限制，故广泛使用。

内调焦望远镜的物镜系统是由物镜 L_1 和调焦透镜 L_2 两部分组成（图4-9），当标尺 R 在不同距离时，为使它的像落在十字丝平面上，必须移动 L_2。因此，物镜系统的焦距是变化的。下面就图4-9所示的情况讨论内调焦望远镜的视距公式。

设望远镜的视准轴水平，并瞄准一竖立的视距尺 R，由上、

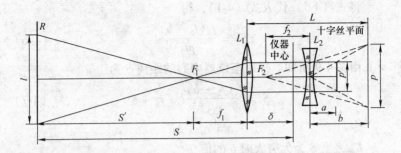

图 4-9　视距测量原理

下视距丝在尺面的两个读数之差，即得到视距间隔。

由透镜 L_1 成像原理可得：

$$\frac{S'}{f_1} = \frac{l}{p'} \qquad (4\text{-}1)$$

式中　l——视距尺上的间隔；

　　　p'——l 经透镜之后的像。

由透镜 L_2 成像原理可得：

$$\frac{p}{p'} = \frac{b}{a} \qquad (4\text{-}2)$$

式中　p'——物（实际是 l 经透镜 L_1 后的像）；

　　　p——p' 的像，p 为十字丝分划板上视距丝之间的距离；

　　　a——物距；

　　　b——像距。

因 L_2 为凹透镜，而且作为物的 p' 是在光线的出射光一方，由透镜成像公式得

$$\frac{1}{b} - \frac{1}{a} = \frac{1}{f_2} \qquad (4\text{-}3)$$

即

$$\frac{1}{a} = \frac{f_2 - b}{bf_2} \qquad (4\text{-}4)$$

将式（4-4）代入式（4-2），得

$$\frac{1}{p'} = \frac{f_2 - b}{pf_2} \qquad (4\text{-}5)$$

将式（4-5）代入式（4-1），得

$$S' = \frac{f_1(f_2 - b)}{pf_2}l \qquad (4\text{-}6)$$

由图 4-9 所知，标尺至仪器中心的距离 S 为

$$S = \frac{f_1(f_2 - b)}{pf_2}l + f_1 + \delta \qquad (4\text{-}7)$$

令

$$b = b_\infty + \Delta b$$

b_∞ 为当 S 为无穷大时 b 的值。

代入式（4-7），得

$$S = \frac{f_1(f_2 - b_\infty - \Delta b)}{pf_2}l + f_1 + \delta$$

$$= \frac{f_1(f_2 - b_\infty)}{pf_2}l - \frac{f_1\Delta b}{pf_2}l + f_1 + \delta \qquad (4\text{-}8)$$

令

$$K = \frac{f_1(f_2 - b_\infty)}{pf_2} \qquad (4\text{-}9)$$

$$c = -\frac{f_1\Delta b}{pf_2}l + f_1 + \delta \qquad (4\text{-}10)$$

则

$$S = Kl + c \qquad (4\text{-}11)$$

式（4-10）中，Δb 和 l 均随 S 而变，通常设计望远镜时，适当选择有关参数后，可使 $K = 100$，且使 $\frac{f_1\Delta b}{pf_2}l$ 和 $f_1 + \delta$ 基本相等，即 c 可忽略不计，于是式（4-11）为

$$S = Kl = 100l \qquad (4\text{-}12)$$

4.2.2 视准轴倾斜时的视距计算公式

如图 4-10 所示，B 点高出 A 点较多，不可能用水平视线进行视距测量，必须把望远镜视准轴放在倾斜位置，如尺子仍竖直立着，则视准轴不与尺面垂直，上面推导的公式就不适用了。若要把视距尺与望远镜视准轴垂直，那是不易办到的。因此，在推导水平距离的公式时，必须导入两项改正：一是对于视距尺不垂直于视准轴的改正；二是视线倾斜的改正。

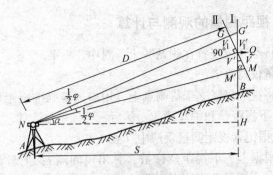

图 4-10 视准轴倾斜

测定倾斜地面线 AB 的水平投影 s 时（图 4-10），在 A 点安置仪器，在 B 点竖立视距尺，望远镜内上、下视距丝和中丝分别截在尺上 M'、G' 和 Q 点。若视距尺安放得与视准轴垂直，则视距丝将分别截在尺上的 M 和 G 两点。因为 $\angle MQM' = \angle GQG' = \alpha$，则

$$\angle QMM' = 90° - \frac{1}{2}\varphi$$

$$\angle QGG' = 90° + \frac{1}{2}\varphi$$

则于 $\frac{1}{2}\varphi$ 很小，故可以把 $\angle QMM'$ 和 $\angle QGG'$ 当作直角。由图 4-11 可知：

$$V + V_1 = V'\cos\alpha + V'_1\cos\alpha$$

式中，$V + V_1$ 是两视距丝所截竖直距尺的间隔 l，而 $V + V_1$ 是假设视距尺与视准轴垂直时两视距丝在尺上的间隔 l_0，因此，上式可写为

$$l_0 = l\cos\alpha$$

由式（4-12）得出倾斜直线 NQ 的长度为

$$D = Kl_0 = K\cos\alpha$$

将倾斜距离折算成水平距离 S 需乘以 $\cos\alpha$，则

$$S = Kl\cos^2\alpha$$

4.2.3 视距测量的观测与计算

1）将经纬仪安置在测站 A 上，对中、整平。

2）量仪器高 i。

3）将视距尺竖立于待测点上，用望远镜瞄准视距尺，分别读出上、下视距丝和中丝读数。然后，再读竖盘读数，并将所有读得的数据记入视距测量手簿中（表4-3）。

4）根据上、下视距丝读数，算出尺间隔 t；把竖盘读数换算为竖角 δ，再计算出测点至测站的水平距离和高程。

表 4-3 视距测量手簿

日期＿＿＿＿＿ 测站名称＿＿＿＿＿ 仪 器＿＿＿＿＿ 观测者＿＿＿＿＿
天气＿＿＿＿＿ 测站高程＿＿＿＿＿ 仪器高＿＿＿＿＿ 记录者＿＿＿＿＿

测点	下丝读数	上丝读数	视距间隔 t	中丝读数	竖盘读数 (°′)		竖角 (°′)		初算高差 /m	改正数/m	高差 /m	观测点高程 /m	水平距离 /m
B	2.500	1.500	1.000	2.000	83	11	+6	49	+11.78	-0.58	+11.20	57.74	98.6
C	1.920	0.920	1.000	1.420	94	27	-4	27	-7.74	0.00	-7.74	38.80	99.4

4.2.4 视距测量的误差分析

1. 读数误差

视距丝在标尺上的读数误差，与尺上最小分划、视距的远近、望远镜放大倍率等因素有关。施测时距离不能过大，不要超过规范中限制的范围，读数时注意消除视差。

2. 垂直折光影响

视距读数中，光线是从不同密度的空气层通过的，因此，观测时应尽可能使视线距地面1m以上。

3. 标尺倾斜引起的误差

标尺立得不直，对距离的影响与视距尺本身倾斜大小有关，并随地面的坡度增加而使误差增大。因此，视距测量时应尽可能把标尺竖直。

此外，还有视距尺分划误差、竖直角观测误差等，对视距测量都会带来误差。由试验资料分析可知，在较好的观测条件下，视距测量所测平距的相对误差约为 1/300 ~ 1/200。

4.3　直线定向

4.3.1　标准方向

确定地面上两点之间的相对位置，仅知道两点之间的水平距离是不够的，还必须确定此直线与标准方向之间的水平夹角。确定直线与标准方向之间的水平角度的工作称为直线定向。要确定直线的方向，首先要选定一个标准方向作为直线定向的基本方向，在工程测量工作中，通常是以子午线为基本方向的。

子午线有真子午线、磁子午线、轴子午线（坐标子午线）。

1. 真子午线

通过地面上一点指向地球真南北极方向的线为该点的真子午线。一般用天文测量的方法得到，也可用陀螺仪直接测定，地球表面上的点都有自己的真子午线方向，各点的真子午线都向两极收敛而相交于极点。地面上两点真子午线间的夹角称为子午线收敛角 γ，子午线收敛角 γ 的大小与该两点所在的经度及纬度大小有关，如图4-11 所示。

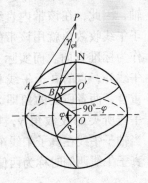

图4-11　真子午线

2. 磁子午线

地面上一点当磁针静止时所指的方向线为该点的磁子午线。磁子午线方向是磁针在地球磁场的作用下，磁针自由静止时其轴线所指的方向，可用罗盘仪测定。由于地球的磁南北极与地球真南北极不重合，因此地面上一点的真子午线与磁子午线不重合，其夹角为磁偏角 δ，如图 4-12 所示。当磁子午线在真子午线东侧时称为东偏，δ 为正；当磁子午线在真子午线西侧时，δ 为负。我国磁偏角 δ 的取值：$6° \sim 10°$（自西向东）。

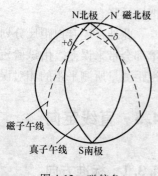

图 4-12　磁偏角

3. 轴子午线

轴子午线也称坐标子午线，即独立平面直角坐标系中的坐标纵轴的正半轴所指方向。由于地面各点的子午线方向指向地球的南北极，所以不同点的子午线方向不平行，给测量工作带来不便，所以在普通测量工作中一般均采用轴子午线为基本方向，这样测区内地面点的基本方向都是平行的。我国采用的高斯平面直角坐标系，每一分带内都以该带的中央子午线为坐标纵轴，因此，在该带内直线定向，图 4-11 子午线收敛角就用该带的坐标纵轴方向作为标准方向。而实际上，除了中央子午线外，点的真子午线和轴子午线都不重合，两者所夹的角即为轴子线和真子午线所夹的收敛角 γ，如图 4-13 所示。

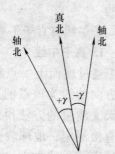

图 4-13　子午线收敛角

当轴子午线在真子午线东侧时称为东偏，γ 为正；当轴子午线在真子午线西侧时称为西偏，γ 为负。

4.3.2　直线方向的表示方法

直线方向通常用该直线的方位角或象限角来表示。

1. 方位角

如图 4-14 所示，由标准方向的北端起，顺时针方向量到直线的水平角，称为该直线的方位角。上述定义中，标准方向选的是真子午线方向，则称真方位角，用 A 表示；标准方向选的是磁子午线方向，则称磁方位角，用 A_m 表示；标准方向选的是坐标纵轴方向，则称坐标方位角，用 α 表示；方位角的角值由 $0° \sim 360°$。

同一条直线的真方位角与磁方位角之间的关系，如图 4-15 所示，即

$$A = A_\mathrm{m} + \delta$$

 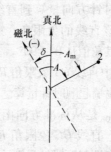

图 4-14　方位角　　　图 4-15　真方位角与磁方位角

真方位角与坐标方位角之间的关系，如图 4-16 所示，即

$$A = \alpha + \gamma$$

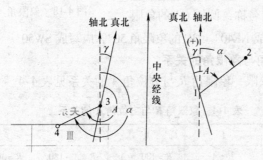

图 4-16　真方位角与坐标方位角

由以上两式可求得坐标方位角与磁方位角之间的关系，即

$$\alpha = A_\mathrm{m} + \delta - \gamma$$

图 4-17 中，测量前进方向是从 A 到 B，则 α_{AB} 是直线 A 至 B

的正方位角；α_{BA} 是直线 A 至 B 的反方位角，也是直线 B 至 A 的正方位角。同一直线的正、反方位角相差 $180°$，即

$$\alpha_{BA} = \alpha_{AB} \pm 180°$$

2. 象限角

由标准方向的北端或南端起，顺时针或逆时针方向量算到直线的锐角，称为该直线的象限角。通常用 R 表示，其角值从 $0° \sim 90°$。

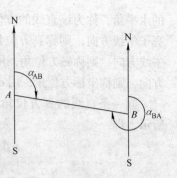

图 4-17　正方位角与反方位角

图 4-18 中直线 OA 象限角 R_{OA} 是从标准方向北端起顺时针量算。直线 OB 象限角 R_{OB} 是从标准方向南端起逆时针量算。直线 OC 象限角 R_{OC} 是从标准方向南端起顺时针量算。直线 OD 象限角 R_{OD} 是从标准方向北端起逆时针量算。用象限角表示直线方向时，除写象限的角值外，还应注明直线所在的象限名称，例如 OA 的象限角 $40°$，应写成 NE40°。OC 的象限角 $50°$，应写成 SW50°。

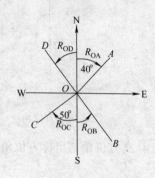

图 4-18　象限角

3. 方位角与象限角的关系

在不同象限，象限角 R 与方位角 A 的关系见表 4-4。

表 4-4　象限角 R 与方位角 A 的关系

象限名称	I	II	III	IV
R 与 A 的关系	$R = A$	$R = 180° - A$	$R = A - 180°$	$R = 360° - A$

实训：根据测量数据，核检是否符合精度要求

1. 用钢尺丈量了 AB、CD 两段距离，AB 的往测值为 206.32m，

返测值为 206.17m，CD 的往测值为 102.83m，返测值为 102.74m。

问：这两段距离丈量的精度是否相同？为什么？

2. 某工厂厂房扩建，需要将办公楼与其后仓库的距离增加为原来的 2 倍。测量时，采用的是 30m 的钢尺精密丈量办公楼与仓库的距离（设此距为 AB），各段丈量的结果、丈量时的温度、各尺段之间的高差均填于表 4-5 中。经检定钢尺的实际长度为 30.0025m，检定时的温度为 20℃，拉力为 10kg。已知丈量时的拉力与检定时相同，试计算 AB 直线的实际长度，并判断误差是否在允许范围内（$K_允 = \dfrac{1}{20000}$）。

根据表 4-5 中的数据可核算出：

往测长度：

$$D_往 = 29.8684 + 29.2103 + 17.8080 = 76.8867\text{m}$$

返测长度：

$$D_返 = 17.8067 + 29.2098 + 29.8680 = 76.8845\text{m}$$

平均长度：

$$D_平 = \frac{76.8867 + 76.8845}{2} = 76.8856\text{m}$$

较差：

$$\Delta D = D_往 - D_返 = 76.8867 - 76.8845 = 0.0022\text{m}$$

相对误差：

$$K = \frac{0.0022}{76.8856} = \frac{1}{34948} < \frac{1}{20000}$$

所以，丈量结果满足要求。

表 4-5 精密量距记录计算表

测线	尺段	次数	前尺读数/m	后尺读数/m	尺段长度/m	尺段平均长度/m	温度 t	温度改正 ΔL_t/mm	高差 h	高差改正 ΔL_h/mm	尺长改正 ΔL/mm	改正后的尺段长度/m
AB	A–1	1	29.930	0.064	29.866							
		2	40	76	64	29.8650	25.8°	+2.1	+0.272	–1.2	+2.5	29.8684
		3	50	85	65							
	1–2	1	29.220	0.015	29.205							
		2	30	25	05	29.2057	27.6°	+2.7	+0.174	–0.5	+2.4	29.2103
		3	40	33	07							
	2–B	1	17.880	0.076	17.804							
		2	70	64	06	17.8050	27.5	+1.6	–0.065	–0.1	+1.5	17.8080
		3	60	55	05							
BA	B–2	1	17.890	0.085	17.805							
		2	900	97	03	17.8037	27.4°	+1.6	+0.065	–0.1	+1.5	17.8067
		3	880	77	03							
	2–1	1	29.230	0.024	29.206							
		2	50	44	06	29.2053	27.5°	+2.6	–0.174	–0.5	+2.4	29.2098
		3	60	56	04							
	1–A	1	29.910	0.045	29.865							
		2	30	66	64	29.8640	27.6°	+2.7	–0.272	–1.2	+2.5	29.8680
		3	20	57	63							

第5章 测距仪测量技术

在前面的章节中我们提到，地面点位的确定是通过测定高程、角度和距离三个基本要素来实现的。高程通常采用水准测量和三角高程测量的方法确定；角度采用经纬仪测量水平角和竖直角确定，在本章中将着重讲述利用现代化的测量仪器测量距离的方法。

5.1 光电测距原理与仪器分类

5.1.1 光电测距原理

20 世纪 40 年代，人们研制出了以红外线作为测距介质的光电测距仪，其工作原理如图 5-1 所示。60 年代，随着激光技术的出现及电子计算机技术的发展，各种类型的电磁波测距仪相继出现。到了 90 年代，又出现了将测距仪和电子经纬仪的功能集成为一体的电子全速仪，除了可自动显示角度、距离数据外，还可以通过仪器内部的微处理器，直接得到地面点的空间坐标。

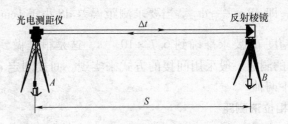

图 5-1 光电测距工作原理

电磁波测距仪的出现，克服了高精度测距这一测量工程中的瓶颈。与钢尺量距的麻烦和视距测量的低精度相比，电磁波测距具有测程长、精度高、操作简便、自动化程度高的优越性。根据测距介质的不同，电磁波测距可分为利用微波作载波的微波测距和利用光波作载波的光电测距。在工程测量中，广泛采用的是利用光电测距原理生产的光电测距仪，利用微波测距原理生产的微波测距仪大多用于军事测绘上。

经过几十年的发展，目前光电测距原理及技术都已相当成熟，光电测距产品在测绘领域的应用也已普及，为了方便作业，下面将详细讲述。

光电测距的原理：通过测量光波在待测距离上往返一次所经历的时间，来确定两点之间的距离。如图 5-1 所示，在 A 点安置测距仪，在 B 点安置反射棱镜，测距仪发射的调制光波到达反射棱镜后又返回到测距仪。设光速 c 为已知，如果调制光波在待测距离 S 上的往返传播时间为 t_{2s}，则距离 S 为

$$S = \frac{1}{2}ct_{2s} \tag{5-1}$$

式中，$c = c_0/n$，其中 c_0 为真空中的光速，其值为 299792458m/s，n 为大气折射率，它与光波波长、测线上的气温 T、气压 P 和湿度 e 有关。因此，测距时还需测定气象元素，对距离进行气象改正。

由式（5-1）可知，测定距离的精度主要取决于时间 t_{2s} 的测定精度，即 $dS = \frac{1}{2}cdt_{2s}$。当要求测距误差 dS 小于 1cm 时，时间测定精度 dt 要求准确到 6.7×10^{-11}s，这是很难做到的。因此，dt_{2s} 的测定一般采用间接的方式来实现。间接测定 dt_{2s} 的方法有以下两种。

1. 相位法测距

相位法测距是通过测量连续的调制光波在待测距离上往返传播所产生的相位变化来间接测定传播时间，从而求得被测距离。红外光电测距仪就是典型的相位式测距仪。

目前红外光电测距仪的红外光源通常是由砷化镓（GaAs）

发光二极管产生的。如果在发光二极管上注入一恒定电流，它发出的红外光光强则恒定不变，如图 5-2a 所示。若在其上注入频率为 f 的高变电流（高变电压），则发出的光强随着注入的高变电流呈正弦变化，如图 5-2b 所示，这种光称为调制光。

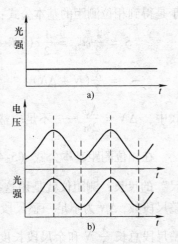

测距仪在 A 点发射的调制光在待测距离上传播，被 B 点的反射棱镜反射后又回到 A 点而被接收机接收，得到调制光在待测距离上往返传播所引起的相位偏移，其相应的往返传播时间为 t_{2s}。如果将调制波的往程和返程展开，则有如图 5-3 所示的波形。

图 5-2　光的调制

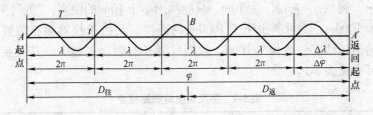

图 5-3　相位式测距原理

从图中可看出，在调制光往返的时间 t_{2s} 内，其相位变化了 N 个整周（2π）及不足一周的余数 $\Delta\varphi$，而对应的时间为 Δt，距离为 $\Delta\lambda$，则有

$$t_{2s} = NT + \Delta t \tag{5-2}$$

由于变化一周的相位差为 2π，因此不足一周的相位差 $\Delta\varphi$ 与时间 Δt 的对应关系为

$$\Delta t = \frac{\Delta\varphi}{2\pi}T \tag{5-3}$$

于是得到相位测距的基本公式：

$$S = \frac{1}{2}ct_{2s} = \frac{1}{2}c(NT + \frac{\Delta\varphi}{2\pi}T) = \frac{1}{2}cT(N + \frac{\Delta\varphi}{2\pi})$$

$$= \frac{\lambda}{2}(N + \Delta N) \tag{5-4}$$

式中　$\Delta N = \dfrac{\Delta\varphi}{2\pi}$——不足一整周的小数。

在相位测距基本公式（5-4）中，常将 $\dfrac{\lambda}{2}$ 看作是一把"光尺"的尺长；测距仪就是用这把"光尺"去丈量距离的。N 为整尺段数，ΔN 为不足一整尺段之余数。两点间的距离 S 就等于整尺段总长 $\dfrac{\lambda}{2}N$ 和余尺段长度 $\dfrac{\lambda}{2}\Delta N$ 之和。测距仪的测相装置（相位计）只能测出不足整周（2π）的尾数 $\Delta\lambda$，而不能测定整周数 N，因此式（5-4）将会产生多值解。只有当所测距离小于光尺长度时，才能有确定的数值。

例如，"光尺"为 10m，只能测出小于 10m 的距离，"光尺"为 1000m，则可测出小于 1000m 的距离。又由于仪器测相装置的测相精度一般为 1/1000，故测尺越长测距误差越大，其关系可参见表 5-1。

表 5-1　测尺长度与测距精度

测尺长度($\lambda/2$)	10m	100m	1km	2km	10km
测尺频率(f)	15MHz	1.5MHz	150kHz	75kHz	15kHz
测距精度	1cm	10cm	1m	2m	10m

为了解决扩大测程与提高精度的矛盾，目前的测距仪一般采用两个调制频率，即两把"光尺"进行测距。用长测尺（称为粗尺）测定距离的大数，以满足测程的需要；用短测尺（称为精尺）测定距离的尾数，以保证测距的精度。将两者结果衔接组合起来，就是最后的距离值，并自动显示出来。

例如:

粗测尺结果 0324

精测尺结果　3.817

显示距离值 0327.817m

若想进一步扩大测距仪器的测程,可以多设几个测尺。目前工程测量应用中以相位法测距的红外光电测距仪占绝大多数,它们的测程在一公里到几公里的范围不等,测距精度都在毫米级。

2. 脉冲法测距

由测距仪发出的光脉冲经反射棱镜反射后,又回到测距仪而被接收系统接收,测出这一光脉冲往返所需时间间隔内的光脉冲个数,进而求得距离。图 5-4 是脉冲法测距的工作原理图。

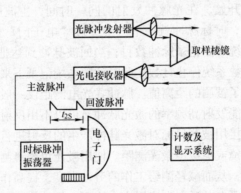

图 5-4　脉冲法测距的工作原理图

测距开始,由光脉冲发生器发射出一束光脉冲,经发射光学系统投射到被测目标上;与此同时,由取样棱镜取出一小部分光脉冲送入接收光学系统,并由光电接收器转换为电脉冲(称为主波脉冲),作为计时起点。从被测目标反射回来的光脉冲通过接受光学系统后,也被光接收器接收,并转换为电脉冲(也称为回波脉冲),作为计时终点。由此可见,主波脉冲和回波脉冲之间的时间间隔就是光脉冲在测线上往返转播的时间 t_{2s},而 t_{2s}

是由时标脉冲振荡器不断产生的具有时间间隔 t 的电脉冲来决定的。

由于：$\qquad\qquad t_{2s} = nt$

因此：$\qquad\quad S = \dfrac{1}{2}ct_{2s} = \dfrac{1}{2}cnt = nd \qquad\qquad (5\text{-}5)$

式中　　n——时标脉冲的个数；

$d = \dfrac{1}{2}ct$——在时间 t 内光脉冲往返所走的一个单位距离。

只要事先选定一个 d 值（如 10m，5m，1m 等），记下送入计数系统的脉冲数目，就可以直接把所测距离（$S = nd$）用数码管显示出来。

在测距之前，"电子门"是关闭的，时标脉冲不能进入计数系统。测距开始，在光脉冲发射的同一时间，主波脉冲把"电子门"打开，时标脉冲就一个一个经过"电子门"进入计数系统，计数系统开始记录脉冲数目；当回波脉冲到达把"电子门"关上后，计数系统停止计数。此时计数系统记录下来的光脉冲数目，就代表了被测的距离值。脉冲式光电测距仪一般用固体激光器作光源，能发射高频率的激光脉冲，可以不用反射棱镜作为合作目标，直接用被测目标对激光脉冲产生的反射进行测距，通常称之为无棱镜或免棱镜激光测距。使用激光免棱镜测距可以免除跑尺的工作，从而减轻测绘工作的劳动强度，提高作业效率。激光免棱镜测距尤其适合在房屋室内墙面、悬挂物、电线杆、高大建筑楼壁等不便架设棱镜以及不适合人员进入的危害性环境中进行测量。

5.1.2　光电测距仪的分类

目前国内外生产的光电测距仪型号众多，为了研究和使用上的便利，需要对光电测距仪进行分类，表 5-2 按"测定测距时间 t 的方法"、"测程"、"测距光源"和"测距精度"四种分类标准对测距仪进行了分类。

表 5-2 光电测距仪分类

分类标准	类型		备注
	名称	标准	
测定测距时间 t 的方法	脉冲式测距仪	测定发射和接收光脉冲的时间差	
	相位式测距仪	测定调制光波往返传播产生的相位差	
测程	远程测距仪	测程 >15km	
	中程测距仪	测程在 3~15km 之间	
	短程测距仪	测程 <3km	
测距光源	激光测距仪	用激光作为测距光源	
	红外测距仪	用红外光作为测距光源	
测距精度	Ⅰ级测距仪	$m_S \leqslant 5mm$	测距仪精度公式：$m_S = A + BS$ A——固定误差 B——比例误差系数 S——测距长度
	Ⅱ级测距仪	$5mm < m_S \leqslant 10mm$	
	Ⅲ级测距仪	$10mm < m_S \leqslant 20mm$	

5.2 测距仪的使用

5.2.1 手持式光电测距仪概述

目前在工程测量领域应用最普遍的测距仪是按测程分类的中、短程测距仪，尤其以短程测距仪应用最广。近年来，光电测距仪朝着轻便、多功能、高精度和自动化的方向发展，随着电子测角技术的出现及成熟，集成了光电测距和电子测角功能的全站型电子速测仪（简称全站仪），在工程测绘领域已得到了普及应用。除了测程在一百到几百米的手持式激光测距仪外，测程在一公里以上的短程测距仪已经很少单独生产和使用，而是集成在全站仪的测距功能部件中了。因此，下面分别介绍手持式激光测距仪和全站仪的使用。

手持式激光测距仪是脉冲式激光测距仪中的一种，是自 20 世纪 90 年代才发展起来的一种新型激光测距仪。手持式激光测距仪体积小、重量轻，有的只有移动电话大小。它采用数字测相脉冲展宽细分技术，无需合作目标，测距精度可达到毫米级，测程在几十米到几百米不等，能够快速准确地直接显示距离。广泛应用于房地产测绘、建筑施工测量、室内装饰测量、电力线路测量、地下工程测量以及工业安装测量等。

目前应用最多的是瑞士徕卡（Leica）公司生产的迪士通（DISTO）系列手持式激光测距仪（如图 5-5 所示）。该品牌的手持式激光测距仪具有以下一些特点：

图 5-5　手持式激光
测距仪实物图

1）用可见的激光束照准目标，按键即进行测量，并显示测量结果。

2）激光测距精度高，可达 1.5 ~ 5mm/100m，测程 20cm ~ 100m，配合反射板可达 300m。

3）可以进行跟踪测量，无需按键，指向哪个方向就测向四个方位。

4）与其他厂家的经纬仪连接，可作半站仪使用，非常方便；用它可进行等外导线测量、碎部放样、大面积扫平、工程量验收等；它既可以直接测量，也可以利用反射板测量。

5）利用计算机可实现远距离的自动控制，进行定点测量、数据传输、数据处理、定时测量、开关机等。

5.2.2　手持式测距仪的面板功能键

下面简要介绍 Leica DISTO 激光测距仪中的基本型号 Lite5 手持式激光测距仪的使用方法。

1. 手持式测距仪的功能与简要使用方法

DISTO Lite5 的基本外形与面板功能键如图 5-6 所示。

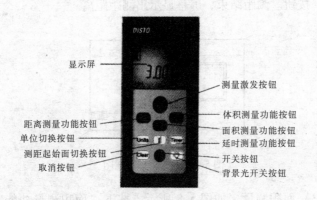

图 5-6　DISTO Lite5 的基本外形与面板功能键

表 5-3 所列为 DISTO Lite5 手持式激光测距仪的主要技术指标。

表 5-3　DISTO Lite5 手持式激光测距仪的主要技术指标表

指标名称	指标值	指标名称	指标值
测程范围	0.05~200m	测距精度	±3mm(30m 以内) < ±5mm(200m 以内)
激光等级	Ⅱ级	最小显示单位	1mm
防水防尘性能	IP54 级,防尘防溅水	工作温度	使用: - 10~50℃ 储存: - 25~70℃
体积	142mm×73mm×45mm	重量(含电池)	290g

接下来简要介绍一下 DISTO Lite5 手持式激光测距仪的操作方法:

(1) 开机/关机　按下"开关按钮",打开测距仪;再次按下"开关按钮",关闭测距仪。仪器在开机状态下默认处于"距离测量功能"状态。

（2）距离测量　如图5-7所示，安置好仪器，按下"测量激发"按钮，此时仪器发射红色的测距激光；再次按下"测量激发"按钮。测距结束，屏幕显示出测距距离。

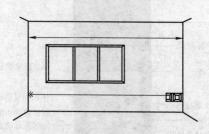

图5-7　距离测量示意图

（3）面积测量　如图5-8所示，按下"面积测量功能"按钮，此时仪器处于面积测量功能状态，显示屏提示开始测量。按下"测量激发"按钮，测出一边的距离长度；再次按下"测量激发"按钮，测出另一边的距离长度。屏幕随即显示由这两边组成的矩形的面积大小值。

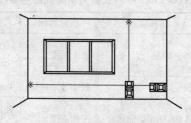

图5-8　面积测量示意图

（4）体积测量　按下"体积测量功能"按钮，此时仪器处于体积测量功能状态，显示屏提示开始测量。按下"测量激发"按钮，测出一边的距离长度；再按一下"测量激发"按钮，测出第二条边的距离长度；第三次按下"测量激发"按钮，测出第三条边的距离长度。屏幕随即显示由三边组成的长方体的体积大小值。

（5）延时测量　按下"延时测量功能"按钮不放，此时仪器处于延时测量功能状态，选取需要延迟测量的时间（最长60s），松开"延时测量功能"按钮，仪器将在经过设定的时间后发射测距激光，获得距离值。

（6）仪器设置　按下"单位切换"按钮，可以在"m"和"ft"两种距离单位模式下切换；按下"测距起始面切换"按钮，设置测距起始参考面是以仪器后端平面还是前端平面作为距离测量的起算面。连续按下"测距起始面切换"按钮在两种模式下循环切换。按下"取消"按钮，清零上次测量的结果值，为下一次测量做准备。按下"背景光开关按钮"，若此时仪器处于"背景光照明"状态，则关闭背景光；若处于"背景光关闭"状态，则打开背景光照明。

2. DISTO Lite5 手持式激光测距仪使用注意事项

1）DISTO Lite5 使用的是二级激光，不要通过光学镜片（如目镜、望远镜等）直视激光束，否则会对眼睛造成危害。

2）不要把激光束直接打到抛光物体表面（如镜面、光滑金属表面等），反击回来的激光可能会意外地损伤眼睛。

3）不能用 DISTO Lite5 测量运动中的物体，所测距离成果不可靠，要尽所能使激光束垂直于所测物体表面，并且所测物体表面颜色不能太深（如黑色），确保测距成果的精度。

4）不要在雨雪天气测量，雨点、雪花的反射会使测距成果不可靠；在测距路径上尽量避免有障碍物，障碍物对激光的反射干扰也会使得测距成果不可靠。

5.3　测距成果的改正计算

光电测距仪直接测出来的是仪器机内距离起算点到光波返回点的初始倾斜距离，要想得到最需要的地面两点间的平面距离，还要经过仪器常数改正、气象改正和倾斜改正等三个处理过程。

5.3.1 仪器的常数改正

仪器常数有加常数和乘常数两项。

由于仪器的发射中心、接收中心与仪器旋转竖轴不一致而引起的测距偏差值，称为仪器加常数（如图 5-9 所示），用 K_t 表示。实际上，仪器加常数还包括由于反射棱镜的组装（制造）偏心或棱镜等效反射面与棱镜安置中心不一致引起的测距偏差，称为棱镜加常数用 K_r 表示。

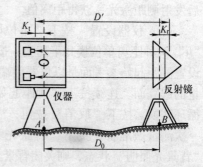

图 5-9　仪器加常数示意图

仪器的加常数改正值 σ_K 与距离无关，仪器出厂时可预置于机内做自动改正。但由于仪器在搬运过程中的振动、电子元器件的老化，仪器的加常数还是会变化的，这时候就会产生所谓的剩余加常数，需要经过仪器检定部门的检定求出，从而加以改正。同时需要注意，配合仪器使用的反射棱镜，不同厂家不同型号的棱镜加常数是不一样的。若要在实际应用中交换使用具有不同棱镜加常数的反射棱镜，需要明确各个棱镜的棱镜加常数，然后在仪器内置操作软件中加以正确设置改正，否则会给测距成果带来系统性的测距误差。

仪器乘常数主要是由于测距频率偏移而产生的。测距仪的测尺长度与仪器振荡频率有关，仪器在经过一段时间的使用后，内置元器件会老化，致使测距时仪器的晶振频率与设计时的频率产生偏移，从而产生与测距距离成正比的系统误差。该系统误差与测距距离间的比例因子，称为仪器的测距乘常数，用 R 表示。仪器乘常数也需要经过仪器检定部门的检定求出，然后加以改正。在有些测距仪中可预置乘常数做自动改正。

仪器常数改正的最终公式可写成：

$$\Delta S_{\mathrm{C}} = \sigma_{\mathrm{K}} + \sigma_{\mathrm{S}} = K + RS \tag{5-6}$$

5.3.2　仪器的气象改正

仪器的测尺长度是在一定的气象条件下推算出来的。野外实际测距时的气象条件不同于制造仪器时确定仪器测尺频率所选取的基准（参考）气象条件，故测距时的实际测尺长度就不等于标称的测尺长度，使测距值产生与距离长度成正比的系统误差。所以在测距时应同时测定当时的气象元素：温度和气压，利用厂家提供的气象改正公式计算距离改正值。如某测距仪的气象改正公式为：

$$\Delta S_{\mathrm{P,t}} = (278.70 - \frac{0.290P}{1 + 0.0037t})S \tag{5-7}$$

式中　P——气压（hPa）；

　　　t——温度（℃）；

　　　S——距离测量值（km）。

目前，几乎所有的测距仪都可将气象参数预置于机内，在测距时自动进行气象改正。

5.3.3　仪器的倾斜改正

测距仪的原始测距结果是斜距，还要进行距离的倾斜改正，才能最终得到测线水平距离。当已知测线两端点的高差 h 时，倾斜改正值为：

$$\Delta S_{\mathrm{S}} = -\frac{h^2}{2S} - \frac{h^4}{8S^3} \tag{5-8}$$

在使用测距仪时一般都会与经纬仪配合使用，测距的同时可以测出两测点连线的竖直角，此时距离的倾斜改正值为：

$$\Delta S_{\mathrm{S}} = -(S - S\cos\alpha) \tag{5-9}$$

经过上述仪器常数改正、气象改正和倾斜改正等三个处理过程，得到两测点连线的最终水平距离：

$$HD = S + \Delta S_{\mathrm{C}} + \Delta S_{\mathrm{P,t}} + \Delta S_{\mathrm{S}} \tag{5-10}$$

5.4   测距仪的测距误差分析

5.4.1   测距仪的误差分析

按相位测距的基本公式，兼顾仪器的加常数 K，可得如下的测距公式：

$$S = \frac{\lambda}{2}\left(N + \frac{\Delta\varphi}{2\pi}\right) + K = \frac{c_0}{2nf}\left(N + \frac{\Delta\varphi}{2\pi}\right) + K \qquad (5\text{-}11)$$

公式中的各符号意义与前相同。

由式（5-11）可知，测距误差是由 c_0、n、f 及 K 的误差项引起的。这些误差项可以认为是相互独立的。根据误差传播定律，对式（5-11）取全微分，转换成中误差的表达公式如下：

$$m_S^2 = \left(\frac{\partial S}{\partial c_0}\right)^2 m_{c_0}^2 + \left(\frac{\partial S}{\partial n}\right)^2 m_n^2 + \left(\frac{\partial S}{\partial f}\right)^2 m_f^2 +$$

$$\left(\frac{\partial S}{\partial \Delta\varphi}\right)^2 m_{\Delta\varphi}^2 + \left(\frac{\partial S}{\partial K}\right)^2 m_K^2$$

$$= \left(\frac{m_{c_0}^2}{c_0^2} + \frac{m_n^2}{n^2} + \frac{m_f^2}{f^2}\right)S^2 + \left(\frac{\lambda}{4\pi}\right)^2 m_{\Delta\varphi}^2 + m_K^2 \qquad (5\text{-}12)$$

式中 m_{c_0}——光在真空中的速度的测定中误差；

m_n——光在传播介质即大气中的折射率测定中误差；

m_f——测距频率中误差；

$m_{\Delta\varphi}$——相位测定中误差；

m_K——仪器加常数测定中误差；

$\lambda = \dfrac{c_0}{f}$——测距调制波的波长。

由式（5-12）可以知道，测距误差可以分为两部分：一部分是与距离 S 成比例的误差，即光速测定误差 m_{c_0}、大气折射率测定误差 m_n 和测距频率误差 m_f，称之为比例误差；另一部分是与距离 S 无关的误差，即测相误差 $m_{\Delta\varphi}$ 和仪器加常数误差 m_k，称之为固定误差。

此外，理论研究及实践表明，还有由于仪器内部电信号串扰产生的周期误差 m_A，仪器的对中误差 m_{g1} 和反射棱镜的对中误差 m_{g2} 等三类误差，对测距误差产生影响，它们对测距误差的影响与距离 S 无关，属于固定误差。因而测距误差较为完整的表达式为：

$$m_S^2 = \left(\frac{m_{c_0}^2}{c_0^2} + \frac{m_n^2}{n^2} + \frac{m_f^2}{f^2} \right) S^2 + \left(\frac{\lambda}{4\pi} \right)^2 m_{\Delta\varphi}^2 +$$

$$m_K^2 + m_A^2 + m_{g_1}^2 + m_{g_2}^2 \qquad (5\text{-}13)$$

由上述对光电测距的误差来源分析可知，可以将光电测距的精度表达式写为：

$$m_S = \pm (A + B \times S)$$

式中　A——固定误差；

　　　B——比例误差系数；

　　　S——所测距离。

例如，某测距仪的标称精度为 $\pm (2\mathrm{mm} + 2\mathrm{ppm} \times S)\mathrm{mm}$，则该测距仪的固定误差 $A = 2\mathrm{mm}$，比例误差系数 $B = 2\mathrm{mm/km}$（$2\mathrm{ppm}$），S 的单位为 km。若用该台测距仪测量 1km 的距离，测距中误差为：$\pm (2\mathrm{mm} + 2 \times 1\mathrm{mm}) = \pm 4\mathrm{mm}$。

1. 固定误差

（1）测相误差　测相误差是测定测距光波相位时产生的误差。测相误差是影响测距精度的主要因素之一，应该尽量减少此项误差。

测相误差包括测相系统误差、幅相误差、照准误差和噪声引起的误差。测相系统误差可通过提高电路和测相装置的质量来解决。幅相误差是由于接收信号强弱不同引起的测距误差，现代光电测距仪一般都设有自动光强调整系统，可以调节信号的强度，因此此项误差对测距影响较小。照准误差是发光二极管所发射的光束相位不均匀，以不同部位的光束照射反射棱镜时，测距结果不一致而产生的误差。此项误差主要取决于发光二极管的质量，此外还可采用一些光学措施，如混相透镜等，在观测时采用电瞄准的方法，减小照准误差。噪声引起的误差是大气抖动及光电信号的干扰而产生噪声，降低了仪器对测距信号的辨别能力而产生的误差。可以用增大测距信号强度的方法来减少噪声的影响。该项误差是随机的，采用增加检相次数而取平均值的方法，可以减弱噪声误差的影响。

（2）仪器加常数误差　仪器加常数在仪器出厂前都已经过检测，预置在仪器中，对所测距离自动进行改正。但在仪器的使用和搬运过程中，仪器加常数也是可能发生变化的。因此应定期到仪器检定部门进行检测，将检测所得新的常数值置于仪器中，以取代原先的值。

（3）仪器和棱镜的对中误差　用光电测距仪进行精密测距时，测量前应对光学对中器进行严格校正；观测时应仔细对中，对中误差一般可以小于 2mm。

（4）周期误差　周期误差是由于仪器内部电信号的串扰而产生的，周期误差在仪器的使用过程中也可能发生变化，所以应定期进行测定，必要时可以对测距结果进行改正。如果周期误差过大，需送厂检修。现代光电测距仪采用了大规模集成电路，有良好的屏蔽措施，周期误差一般很小。

2. 比例误差

（1）真空中光速值的测定误差　目前真空中光速值的测定精度已经相当高。1975 年 8 月，国际大地测量学会第 16 届全会建议采用 $c_0 = (299792458 \pm 1.2)$ m/s，由此计算得相对误差为 $\dfrac{1}{25 \times 10^7}$，对测距的影响已相当小，可以忽略不计了。

（2）频率误差　光电测距仪的调制频率是由石英晶体振荡器产生的。调制频率决定"光尺"的长度，因此频率的测定误差对测距的影响是系统性的，与所测距离长度成正比。频率误差产生的原因有两个方面：一是振荡器设置的调制频率有误差；二是由于温度变化、晶体老化等原因使振荡器的频率发生漂移。对于前者，可选用高精度的频率计进行校准，以减弱误差影响；对于后者，可选用高质量的石英晶体，并采用恒温装置及稳定的电源，减少该项误差影响。

（3）大气折射率测定误差　大气折射率测定误差主要来源于测定气温和气压的误差。要使测距精度达到百万分之一的数量级，温度的测定误差应小于 $1℃$，气压的测定误差应小于 3.3mbar。对于精密的距离测量，在测量前应对所使用的温度计、气压计进行检验。此外，所测的气温、气压应该要能够准确代表测距光线所经过路程的气象条件，这是一个较为复杂的问题，一般不能达到理想的理论状态值，实践中通常采用如下措施：

1）在测线两端分别量取温度和气压，然后取平均值。

2）选择有利的观测时间。一天中上午日出后半小时至一个半小时，下午日落前三个小时至半小时为最佳观测时间；阴天、有微风时，全天都可以观测。

5.4.2　仪器使用时的注意事项

1）光电测距仪是结构复杂、精致的精密设备，在仪器的使用过程中，要注意轻拿轻放，以免产生大的振动和过分晃动；同时在搬运和存储时，要注意做好防潮防尘和防超高或超低温等环境处理工作。

2）电池是测距仪的动力来源，在使用过程中要注意及时充电。各种型号测距仪所使用的电池类型不一，有镍氢电池，有锂电池；有专用电池，也有通用电池。因此与电池配套使用的充电器也是型号各异，通常情况下不能混用，否则会有损坏电池及充电器的危险。最好的方法是详细阅读随机电池使用说明书，在明了电池的使用方法后再行充电。

3）在使用光电测距仪进行测距作业时，如果阳光高照，请记得要撑伞遮阳，防止阳光或其他强光直接照射到测距仪的接收物镜上，以免烧坏了光敏二极管；倘若偶遇雨雪，则最好中断作业，等天气适合测距时再行工作。如必须持续工作，注意不要让雨雪沾湿了测距仪，以免发生电路短路，烧坏仪器。

4）使用光电测距仪进行距离测量，测线两侧应避开诸如玻璃、抛光平面等强反射物体，以免这些障碍物的反射信号进入测距仪的信号接收系统，产生干扰噪声信号，使得测距结果含有较大误差。在架设测距仪时要尽可能地避开高压线、高压变压器等强电场干扰源，以保障测距结果的准确性。

5）对于使用激光作为测距介质的测距仪，特别注意不要瞄准人的眼睛进行测距操作，否则将极大可能出现致人失明的严重伤害后果。

6）在使用无棱镜激光测距仪时，要注意不同颜色的反射物体，以及倾斜度不同的物体表面，对测距激光的反射效果是不同的，在不理想的情况下会出现测距结果失真即所谓的"飞点"情况的出现，因此需要在适宜的环境下使用无棱镜测距仪进行测距操作。

5.5 电子全站仪

5.5.1 电子全站仪功能特点与技术指标

全站仪是目前使用较为广泛的设备，因为它实现了测角、测距两者的同时信息化，仪器内置微处理器，其观测程序控制、观测信息处理均可由微处理器完成，实现了观测结果完全信息化、观测信息处理测站自动化、实时化，并可实现观测数据的野外实时存储，以及内业输出等，极大地方便了测量工作。其工作原理见本书第1章。全站仪的功能特点归纳起来，主要有以下几项：

1）仪器操作简单、高效，具有现代测量工作所需的所有功能。

2）快速安置。简单地整平和对中后，仪器一开机后便可工作。仪器具有专门的动态角扫描系统，因此无需初始化。关机后，仍会保留水平和垂直度盘的方向值。电子"气泡"有图示显示并能使仪器始终保持精密置平。

3）全站仪设有双向倾斜补偿器，可以自动对水平和竖直方向进行修正，以消除竖轴倾斜误差的影响。还可进行折光误差及温度、气压的改正。

4）控制面板具有人机对话功能。控制面板由键盘和主、副显示窗组成。除照准以外的各种测量功能和参数均可通过键盘来实现，仪器的两侧均有控制面板，操作十分方便。

5）现代全站仪一般具有大容量的内存，并采用国际计算机通用磁卡。所有测量信息都可以文件形式记录磁卡或电子记录簿。

6）具有双向通信功能，可将测量数据传输给电子手簿或外部计算机，也可接受电子手簿和外部计算机的指令和数据。

以日本拓普康（TOPCON）GTS 系列全站仪为例，其主要技术指标见表 5-4。

表 5-4　GTS 系列全站仪的主要技术指标

项目 ＼ 仪器类型		GTS – 601	GTS – 720	GTS – 811A
放大倍率		30X	30X	30X
成像		正像	正像	正像
物镜孔径		45mm	45mm	50mm
最短视距		1.3m	1.3m	1.3m
角度最小显示		$1''$	$1''$	$1''$
角度标准差		$\pm 1''$	$\pm 2''$	$\pm 1''$
双轴自动补偿范围		$\pm 4'$	$\pm 4'$	$\pm 4'$
最大测距	单棱镜	3.0km	3.0km	2.2km
	三棱镜	4.0km	4.0km	2.8km
测距标准差		$\pm (2mm + 2ppm * D)$	$\pm (2mm + 2ppm * D)$	$\pm (2mm + 2ppm * D)$
测距时间		1.2s（精测）	1.2s（精测）	1.2s（精测）
气象修正范围	气温	$-30 \sim +60℃$	$-30 \sim +60℃$	$-30 \sim +60℃$
	气压	$560 \sim 1066hPa$	$560 \sim 1066hPa$	$560 \sim 1066hPa$

（续）

仪器类型 项目	GTS – 601	GTS – 720	GTS – 811A
大气折光系数	可选 0.14 与 0.20	可选 0.14 与 0.20	可选 0.14 与 0.20
操作系统	MS – DOS 3.22 版本	WinCE. NET 版本	MS – DOS 3.22 版本
水准管 格值 水准管	$30''/2$mm	$30''/2$mm	$30''/2$mm
圆水准	$10'/2$mm	$10'/2$mm	$10'/2$mm
使用温度范围	$-20 \sim +50$℃	$-20 \sim +50$℃	$-20 \sim +50$℃

5.5.2 电子全站仪各部分功能简述

日本拓普康 GTS 系列全站仪的外观与结构如图 5-10 所示，其结构与光学经纬仪相似，区别主要是望远镜体积庞大，这是由于红外测距的照准头与望远镜合为一体的缘故。显示屏一般上面的几行显示观测数据，底行显示软键的功能，它随测量模式的不同而变化。

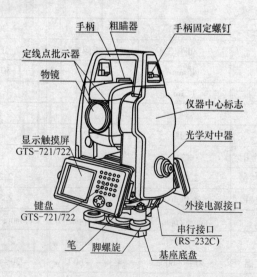

图 5-10 日本拓普康 GTS 系统全站仪外观与结构示意图

　　当气温低于0℃时，仪器内装的加热器可用以保持显示屏正常显示。若加热器已被启动，且气温又低于0℃，则加热器就会自动调节温度，以使显示屏正常工作。显示屏显示符号的含义见表5-5。

表5-5　显示屏显示符号的含义

符号	含义	符号	含义
V	垂直角	(m)	以米为单位
τ	坡度	(f)	以英尺为单位
HR	水平角(右角)	F	精测模式
HL	水平角(左角)	C	粗测模式
HD	水平距离	T	跟踪模式
VD	垂直距离	R	重复测量
SD	倾斜距离	S	单次测量
N	北坐标	N	N 次测量
E	东坐标	PPM	气象改正值
Z	高程	PSM	棱镜常数
*	正在测距		

显示屏显示键的含义见表5-6。

表5-6　显示屏显示键的含义

按键	名称	功能
F1 ~ F4	软键	功能参见所显示的信息
ESC	退出键	退回到前一个显示屏或前一个模式
ANG	角度测量键	进入角度测量模式
◢	距离测量键	进入距离测量模式
↗	坐标测量键	进入坐标测量模式
REC	记录键	传输测量的结果

　　仪器键盘中各键主要功能见表5-7。操作显示屏上的键，用

专用笔或手指点击即可。请勿用圆珠笔或铅笔点击，否则，易损伤显示屏。

表 5-7　仪器键盘中各键主要功能

按键	名称	功能
0 ~ 9	数字键	输入数字
A ~ Z	字母键	输入字母
ESC	退出键	退回到前一个显示屏或前一个模式
★	星键	用于若干仪器常用功能的操作
ENT	回车键	数据输入结束并认可时按此键
Tab	Tab 键	光标右移，或下一个字段
Shift	Shift 键	与计算机 Shift 键功能相同
B. S.	后退键	输入数字或字母时，光标向左删除一位
Ctrl	Ctrl 键	同计算机 Ctrl 键功能
Alt	Alt 键	同计算机 Alt 键功能
Func	功能键	执行由软件定义的具体功能
α	字母切换键	切换到字母输入模式
光标键图标	光标键	上下左右移动光标
POWER	电源键	控制电源的开/关（位于仪器架侧面上）
S. P.	空格键	输入空格
O	输入面板键	显示软输入面板

5.5.3　电子全站仪的使用

1. 角度测量

在测量前首先检查内部电池充电情况。如电量不足，要及时充电。充电时须用仪器自带的充电器进行充电，充电时间大约 12 ~ 15h，不要超过规定时间。若时间紧迫，可采用 80min 快速充电器充电。测量时将电池装上使用，测量结束后应卸下放置。

电池充电情况检查后，应进行仪器的安置工作。仪器的安置包括对中和整平两项工作。GTS 系列全站仪装有尺寸较大的光学对中器，正像，放大倍率为 3 倍，使用起来较为方便。通常对中均采用光学对中器，因此，对中和整平可结合进行。操作步骤如下：

1）将三脚架置于测站点上，使高度合适，架头大致水平，其中心约在测站点的铅垂线上，然后踩实脚架。

2）将仪器从箱中取出，安装在三脚架上。调整光学对中器的目镜，使分划板十字丝看得清楚，然后转动调焦环看清测站点。

3）调整三个脚螺旋，使光学对中器的十字丝交点对准测站点。

4）调整三脚架的伸缩螺旋，使圆水准气泡居中。

5）用照准部水准管严格整平仪器，观察光学对中器的十字丝交点是否仍对准测站点。如果没有偏离，安置结束。

6）当有少许偏离时（一般是很小的），稍稍松开三脚架的连接螺旋，用手轻微移动仪器并调整其位置，使光学对中器十字丝交点对准测站点，再检查整平情况，如此反复，直到严格整平后，光学对中器十字丝交点对准测站点为止。

仪器安置好后，即可打开电源开关。此时仪器显示一个启动的进度条，并显示 Win CE 桌面（图 5-11），然后单击 "Standard Meas（标准测量）"，显示主菜单如图 5-12 所示。

图 5-11　GTS 系列开机桌面

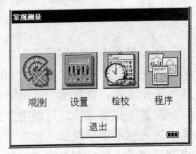

图 5-12　标准测量页面

选择设置后，设置界面如图 5-13 所示。

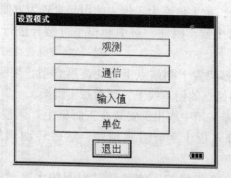

图 5-13　GTS 系列参数设置

若进行"观测"参数设置，如图 5-14 所示。

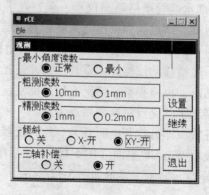

图 5-14　观测参数设置

在此界面中，"倾斜"和"三轴补偿"建议都打开。上述界面设置完成后，点击"继续"，出现如图 5-15 所示界面，可根据实际工作需要，设置图中所示的参数。

准备工作完成后，可单击"Standard Meas（标准测量）"图标，进入标准测量模式。标准测量模式可分为角度测量模式、距离测量模式、坐标测量模式三种。测量时，根据实际情况，任选一种测量模式进行测量工作。

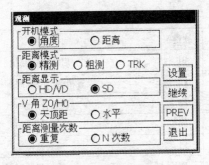

图 5-15　其他参数设置

　　要改变测量模式，可通过功能键（软键）来实现，功能键的实际功能随所显示信息的不同而改变。功能键功能见表 5-8。

表 5-8　GTS 系列全站仪功能键功能

模式	页	显示	软键	功能
角度测量模式	1	置零	F1	水平角置零
		锁定	F2	水平角锁定
		置盘	F3	预置水平角
		P1↓	F4	下一页（P2）
	2	补偿	F1	设置倾斜改正功能开关（ON/OFF）
		坡度	F2	垂直角/百分度的变换
		R/L	F3	水平角右角/左角变换
		P2↓	F4	下一页（P1）
距离测量模式	1	测量	F1	启动斜距测量
		模式	F2	设置精测/粗测/跟踪模式
		音响	F3	设置音响模式
		P1	F4	下一页（P2）
	2	放样	F1	放样测量模式
		-----	F2	放样测量模式
		-----	F3	设置 N 次测量的次数
		P2↓	F4	下一页（P1）

（续）

模式	页	显示	软键	功能
坐标测量模式	1	测量	F1	启动坐标测量
		模式	F2	设置精测/粗测/跟踪模式
		音响	F3	设置音响模式
		P1	F4	下一页（P2）
	2	镜高	F1	输入棱镜高
		仪高	F2	输入仪器高
		测站	F3	设置仪器测站坐标
		P2↓	F4	下一页（P1）

（1）水平角（右角）和竖直角测量

1）照准第一个目标 A。

2）设置目标 A 的水平角读数为：0°00′00″

3）按 ［F1］（置零）键和 ［是］键。

4）照准第二个目标 B，此时仪器显示目标 B 的水平角和垂直角。

（2）水平角（右角/左角）的切换

1）按 ［F4］（P1）键，进入第 2 页功能。

2）按 ［F3］（R/L）键，将水平角测量右角（HR）模式转换成左角（HL）模式。

3）类似右角观测方法进行左角观测。

注意：每按一次 ［F3］（R/L）键，右角/左角便依次切换。

（3）水平度盘读数的设置

1）利用锁定水平角法设置（确定在角度测量模式下）

①利用水平微动螺旋设置水平度盘读数。

②按 ［F2］（锁定）键，启动水平度盘锁定功能。

③照准用于定向的目标点，此时要返回到先前的模式，可按 ［ESC］键。

④按 ［是］键，完成本设置，显示返回到正常的角度测量

模式。

2）利用数字键设置

①照准用于定向的目标点。

②按［F3］（置盘）键。

③输入所需的水平度盘的读数，如 70°20′30″，若输入有误，可按［B. S.］（左移）键移动光标，或按［退出］键重新操作。

④按［设置］键，若输入错误数值（如 70′），则设置失败，须从第③步起重新输入。至此，即可进行定向后的正常角度测量。

2. 距离测量

（1）测距模式的选择　测距可选择精测、粗测和跟踪测三种模式。三种类型的测量耗费时间和最小显示距离数见表 5-9。

表 5-9　测量耗费时间和最小显示距离数

测距模式	精测	粗测	跟踪测
测距时间	0. 2mm 方式，大约 2. 8s 1mm 方式，大约 1. 2s	观测时间约 0. 7s	观测时间约 0. 4s
显示的最小距离	0. 2mm 或 1mm	1mm	10mm

测距模式选择可按以下步骤进行（在距离测量模式下）：

1）照准棱镜中心。

2）按［F2］（模式），显示当前模式的第一个英文字母。

3）按［F1］、［F2］或［F3］键，选择测量模式。

4）模式设置完毕，开始距离测量。

在以上操作过程中，显示在窗口第四行右面的字母表示如下测量模式：

F：表示精测模式。

C：表示粗测模式。

T：表示跟踪测模式。

（2）气象改正的设置　光在空气中的传播速度并非一个常

数，而是随大气的温度和压力的变化而变化的，仪器一旦设置了
气象改正值即可自动对观测结果实施气象改正。当温度为15℃，
气压为1013.25hPa标准值时，其气象改正值为0ppm。即使仪器
关机，气象改正值仍被保存在仪器中。

1）气象改正的计算。气象改正公式如下（计算单位：m）：

$$K_a = \left(279.67 - \frac{79.535 \times P}{273.15 + t}\right) \times 10^{-6}$$

式中　K_a——气象改正值；

　　　P——周围大气压力（hPa）；

　　　t——周围大气温度（℃）。

经过气象改正后距离 $L(m)$ 可由下式求得：$L = l(1 + K_a)$；
其中，l 为未加气象改正的距离观测值。

例如，设置温度为 $+20℃$，大气压为847hPa，$l = 1000m$

$$K_a = \left(279.67 - \frac{79.535 \times 847}{273.15 + 20}\right) \times 10^{-6}$$

$$\approx 50 \times 10^{-6} (50ppm)$$

$$L = 1000 \times (1 + 50 \times 10^{-6})$$

$$= 1000.050m$$

2）气象改正值的设置。气象改正值的设置可采用直接设置
温度和气压值的方法。预先测定仪器周围的温度和气压测定方法
如下：

①全站仪开机，按［★］键。

②按［PPM］键，直接测定。

测定时的数据范围要求：

温度：$-30 \sim +60℃$（步长0.1℃）

气压：420.0~800.0mmHg（步长0.1mmHg）

　　　560.0~1066.0hPa（步长0.1hPa）

　　　16.5~31.5inHg（步长0.1inHg）

如果根据输入的温度和气压计算求得的气象改正值超出了
$\pm 999.9ppm$ 的范围，则操作过程自动返回到重新输入数据

状态。

（3）棱镜常数改正的设置　拓普康系列全站仪的棱镜常数为零，因此棱镜常数改正应设置为零。如果使用的是其他厂家的配套棱镜，则应预先设置相应的棱镜常数。

5.5.4　电子全站仪的其他功能

1. 坐标测量

拓普康 GTS 系列全站仪可以直接测算出测点的三维坐标，即 $N(x)$，$E(y)$ 和 $Z(h)$ 坐标。

【例】如图 5-16 所示，B 为测站点，A 为后视点，两点坐标 (N_B, E_B, Z_B) 和 (N_A, E_A, Z_A) 已知，测取测点 1 的坐标。为此，根据坐标反算公式先计算出 BA 边的坐标方位角。

$$\alpha_{AB} = \arctan(E_A - E_B)/(N_A - N_B)$$

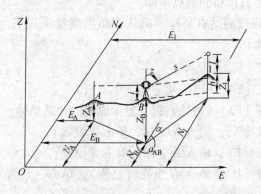

图 5-16　坐标测量示意图

这项计算在将测站点和后视点坐标输入全站仪后，仪器能自动计算。在瞄准后视点后，通过键盘操作，能将水平度盘读数设置为计算出的该方向的坐标方位角，即 N 方向的水平度盘读数为 0°。此时仪器的水平度盘读数就与坐标方位角值相一致。当用仪器瞄准 1 点后，显示的水平角就是测站至 1 点的坐标方位角值。测出测站至 1 点的距离后，1 点的坐标即可按下列公式算出。

$$N_1 = N_B + S\sin Z\cos\alpha$$

$$E_1 = E_B + S\sin Z\sin\alpha$$

$$Z_1 = Z_B + S\cos Z + I - l$$

式中　N_1，E_1，Z_1——测点坐标；

　　　N_B，E_B，Z_B——测站点坐标；

　　　　　　　　　S——测站点至测点斜距；

　　　　　　　　　Z——棱镜中心的天顶距；

　　　　　　　　　α——测站点至测点方向的坐标方位角；

　　　　　　　　　I——仪器高；

　　　　　　　　　l——目标高（棱镜高）。

实际上，上述计算是由全站仪机内软件计算完成的，通过操作键盘即可直接得到测点坐标。

（1）设置测站点坐标　确认在角度测量模式下，可按下述步骤进行操作。

1）按［⦢］键。

2）按［F4］（P1）键，进入第2页。

3）按［F3］（测站）键，显示以前的测站坐标。

4）按［N］，输入 N 坐标，单击［设置］。

5）按［E］，输入 E 坐标，单击［设置］。

6）按［H］，输入 H 坐标（高程），单击［设置］，即完成测站点坐标的设置。

（2）仪器高和目标高的输入　仪器高是指仪器的横轴至测站点的垂直高度，目标高是指棱镜中心至测点的垂直高度，两者均需用钢尺量得。

确认在角度测量模式下，以输入仪器高为例介绍操作步骤。

1）［⦢］键。

2）按［F4］（P1）键，进入第2页。

3）按［F2］（仪高）键，显示以前的仪器高。

4）单击［输入］，输入仪器高，再单击［设置］，即完成仪器高的设置。

（3）坐标测量的操作　在进行坐标测量时，通过输入测站点坐标、仪器高和棱镜高，即可直接测定点的坐标。在确认当前处于角度测量模式下，可按下述步骤完成全部操作过程。

1）瞄准已知后视点，设置其坐标方位角。

2）照准目标点的棱镜。

3）按［⌐⌐］键，开始坐标测量。

2. 全站仪的作业处理

按下 GTS 全站仪电源按钮，然后选中开机桌面上"Top-SURV"图标，并按［ENT］按键，屏幕显示如图 5-17 所示。

图 5-17　启动 TopSURV 软件

作业菜单包括打开、新建、删除、设置、导入、导出、信息、退出八个子菜单，如图 5-18 所示。下面介绍新建作业、导入作业两个子菜单的使用方法。

（1）新建作业　使用向导来新建一个作业。用触笔点击［作业］菜单，会出现下拉菜单列表，单击新建后出现画面（图5-19）。

在输入名称、生成者、注释等信息后，单击［继续］，此时，如果单击［完成］则保存所有的设置。

图 5-18 TopSURV 软件菜单

图 5-19 创建新作业

在该对话框中，图标显示作业的目录：

[名称] 的含义为新作业的名称。

[生成者] 即为测量员的姓名或其他标识。

[注释] 则是关于该作业的附加信息，如测量的条件等。

[当前日期] 是显示当前的日期和时间。

[浏览] 按键可改变作业目录。

[继续] 则是打开选择测量设置界面。

按 [生成] 键保存以上设置，并出现如图 5-20 所示窗口。

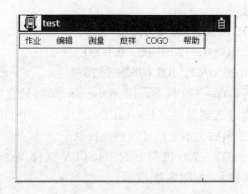

图 5-20 生成新作业

输入已知点坐标：用触笔点击［编辑］，则出现下拉菜单（如图 5-21 所示）。

图 5-21 编辑新作业

如需新的数据，可以其中输入或是直接观测而来。

（2）导入作业 在操作上选取"作业/导入"。导入功能可以从另一个作业、文件、手簿、编码库中导入数据，向当前作业添加点、编码和属性。下面以从手簿导入作业为例介绍其使用方法。

1）先在计算机上用记事本编辑 GTS - 7 类型文本文档，保存文档示例如下：

11，1001．0000，100．0000，0．0000，

22，1220．0000，120．0000，0．0000，

1010，1020．0762，100．0762，0．1087，

2）打开 GTS－720 仪器，用 ActiveSync 软件建立连接。

3）一直进入到目录"Internal Disk/TopSurv/IEFiles"，将刚才用记事本编辑的文本文档复制到此目录下。

4）打开 GTS－720 仪器上的 TopSURV 软件，点击［作业/导入/来自文件］，如图5-22 所示。

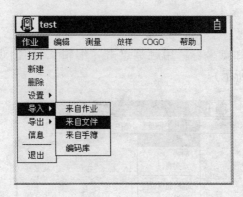

图 5-22　导入数据界面

5）然后选择要导入的数据类型，选择点，格式选择"FC－6/GTS－7"（如图5-23 所示）。（如果进行原始数据的导入，则格式选择也是"FC－6/GTS－7"，其他操作与点的导入相同）

6）点击［继续 >>］，然后选择刚才复制到目录"Internal Disk/TopSurv/IEFiles"的文本文档，点击［确定］（如图5-24 所示）。

7）数据文件上装操作完成。

3. 放样测量

放样测量是根据点的设计坐标，或与控制点的边、角关系，为将该点在实地标定出来所进行的测量工作。在工程中，无论是

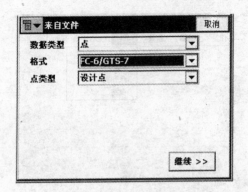

图 5-23　选择导入文件格式

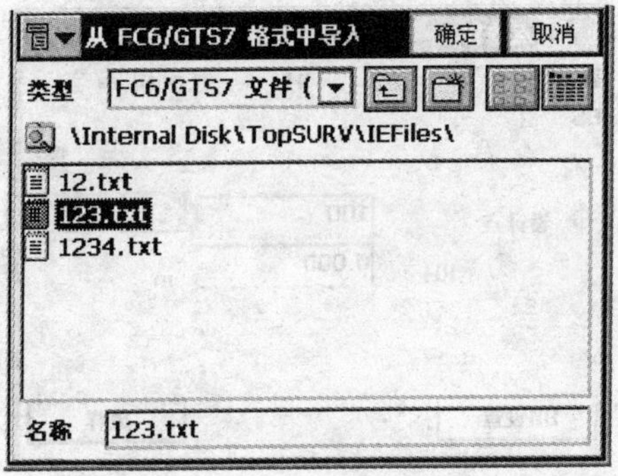

图 5-24　选择需要导入的文件

设计阶段还是施工阶段，均会遇到许多放样工作。公路与桥梁工程中尤其如此。

在全站仪面板中，单击 [放样]，进行点放样的初始数据输入，如图 5-25 所示。

点击 [点]，进行点放样（如图 5-26 所示）。

该对话框中，各键含义如下：

[测站]：显示测站点和名称。

[BS]：显示后视点名称。

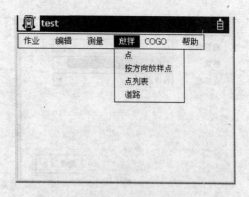

图 5-25　放样界面

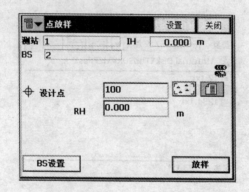

图 5-26　初始数据的输入

［IH］：显示仪器高。

［设置］：打开［放样参数］窗口。

［关闭］：返回主菜单。

［设计点］：设置设计点的标识符，该点从图、列表中选择，或增加一个新点。

图标旁的点位图：显示坐标点表。

［棱镜高］：设置棱镜高。

［放样］：打开放样窗口。

　　[BS 设置]：打开测站/后视设置窗口检查后视点。

　　当放样点的初始数据输入完毕，后视点检查无误后，可以单击 [放样] 进行点的放样。放样窗口反映了放样的过程，显示当前点名、目标点、当前位置、方向和测站与目标点的距离，如图 5-27 所示。

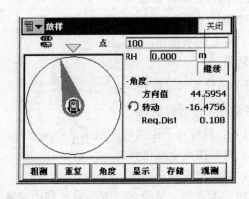

图 5-27　点的放样

该对话框中，各键含义如下：

　　[点]：目标点名。

　　[RH]：反射棱镜高。

　　[粗测/精测]：在粗测和精测之间切换 EDM 模式。

　　[单次/重复]：设置测量模式在单次（HV）和重复（SD）之间切换；当选择单次模式时，停止 SD 测量，图示和信息都自动转为角度模式；当选择重复模式时，启动 SD 测量，图示和信息都自动转为偏距模式。

　　[角度/距离]：设置图示在角度和距离模式之间切换；选择角度模式，图上的指针会显示从测站点到目标点（放样）的指向；如果指针指向未对准上面的三角标，用户可以转动全站仪方向以对准目标点；如果选择距离模式，图上会显示棱镜和目标点。

　　[显示]：变换信息区域显示模式，角度或偏距。

选择角度模式，信息区域有如下显示：

方向值：应有的水平角。

转动：转角。

↻：将全站仪顺时针旋转。

↺：将全站仪逆时针旋转。

选择偏移模式，信息区域有如下显示：

方向值：应有的水平角。

转动：转角。

↻：将全站仪顺时针旋转。

↺：将全站仪逆时针旋转。

指向/离开：放样水平距离和测量水平距离之间的水平距离。

↓指向：将棱镜向全站仪移近。

↑离开：将棱镜远离全站仪。

→右：向右手方向（从全站仪方向看）移动棱镜。

←左：向左手方向（从全站仪方向看）移动棱镜。

挖方/填方：调整从棱镜到目标的垂直距离。

⊼填方：将棱镜调高。

⊻挖方：将棱镜调低。

实训：了解并掌握测距仪器的使用方法

1. 简述测距仪的使用方法。
2. 试简述全站仪进行角度测量、距离测量的作业步骤。

第 6 章   测量误差基本知识

在测量工作实践中不难发现，无论测量仪器多么精密，观测者多么仔细认真，当对某一未知量，如一段距离、一个角度或两点间的高差进行多次重复观测时，所测得的各次结果总是存在着差异。其实，在现实的测量中，所获取的观测结果中都不可避免地会存在着测量误差。

研究测量误差的目的是：分析测量误差产生的原因和性质；掌握误差产生的规律，合理地处理含有误差的测量结果，求出未知量的最可靠值；正确地评定观测值的精度。需要指出的是，错误（粗差）在观测结果中是不允许存在的。这种错误比如：水准测量时，转点上的水准尺发生了移动；测角时测错目标；读数时将 9 误读成 6；记录或计算中产生的差错等。所以，含有错误的观测值应舍去不用。为了杜绝和及时发现错误，测量时必须严格按测量规范去操作，工作中要认真仔细，同时必须对观测结果采取必要的检核措施。

本章将详细介绍误差产生的原因与精度标准、观测值的平均值与改正值的计算。

6.1   测量误差的概念

6.1.1   测量误差产生的原因

在实际测量工作中，在对同一量的各次观测值之间，或在各观测值与其理论值之间存在差异。例如，往返丈量某段距离若干次，或反复观测某一角度，每次测量结果常常不一致；测量闭合水准路线的高差闭合差不等于零，等等。在测量实践中发现，尽管选用了精密仪器，并严格按操作规程观测，但由于各种原因，使观测值不可避免产生误差。产生测量误差的原因有很多，主要有下列三个方面。

1. 测量仪器

测量工作是利用测量仪器进行的，每种仪器有一定限度的精密程度，而且测量仪器的构造不可能十分完善，从而使测量结果受到一定影响。例如，经纬仪的视准轴与横轴不垂直、度盘的刻划误差及偏心，都会使所测角度产生误差；水准仪的视准轴不平行于水准管轴，会使观测的高差产生 i 角误差。

2. 观测者

由于观测者的感官鉴别能力存在一定的局限性，所以对仪器的各项操作，如经纬仪对中、整平、瞄准、读数等方面都会产生误差。此外，观测者的技术熟练程度、工作态度也会对测量成果带来不同程度的影响。

3. 外界环境

测量时所处的外界环境（包括温度、湿度、风力、气压、大气折光等）时刻在变化，使测量结果产生误差。例如，温度变化会使钢尺伸缩；大气折光会使瞄准产生偏差等。

上述三个方面通常称为观测条件，观测条件相同的各次观测称为等精度观测，否则称为非等精度观测。人、仪器和环境是测量工作进行的必要条件，因此，观测条件的好坏与观测成果的质量有密切的联系。

6.1.2 系统误差

在相同的观测条件下，对某个未知量进行一系列的观测，如果误差出现的符号相同，数值大小保持为常数，或按一定的规律变化，这种误差称为系统误差。例如，某钢尺的注记长度为 30.000m，鉴定后，其实际长度为 30.003m，即每量一个尺段，就会产生 0.003m 的误差，这种误差的数值和符号都是固定的，误差的大小与所量距离成正比。又如，水准仪经检验校正后，水准管轴与视准轴之间仍会存在不平行的残余误差 i 角，使得观测时在水准尺上读数会产生误差，这种误差的大小与水准尺至水准仪的距离成正比，也保持同一符号。这些误差都属于系统误差。

系统误差具有积累性，对测量结果的质量影响很大，所以，必须在结果中消除或减弱到允许范围之内，通常采用以下方法：

（1）用计算的方法加以改正　对某些误差应求出其大小，加入测量结果中，使其得到改正，消除误差影响。例如，用钢尺量距时，可以对观测值加入尺长改正数和温度改正数，来消除尺长误差和温度变化误差对钢尺的影响。

（2）检校仪器　对测量时所使用的仪器进行检验与校正，把误差减小到最小程度。例如，水准仪的水准管轴是否平行于视准轴，检校后的 i 角不得大于 $20''$。

（3）采用合理的观测方法，可使误差自行消除或减弱。例如，在水准测量中，用前后视距离相等的方法能消除 i 角的影响；在水平角测量中，用盘左、盘右观测值取中数的方法，可以消除视准轴不垂直于横轴和横轴不垂直于竖轴及照准部偏心差等影响。

6.1.3　偶然误差

在相同的观测条件下，对某量进行一系列的观测，如果误差在符号和大小都没有表现出一致的倾向，即每个误差从表面上来看，不论其符号上或数值上都没有任何规律性，这种误差称为偶然误差。例如，测角时照准误差，水准测量在水准尺上的估读误差等。

观测结果中系统误差和偶然误差是同时产生的，但系统误差可以用计算改正或适当的观测方法等消除或减弱，所以，本章中讨论的测量误差以偶然误差为主。

偶然误差就其单个而言，看不出任何规律，但是随着对同一量观测次数的增加，大量的偶然误差就能表现出一种统计规律性，观测次数越多，这种规律性越明显。例如，在相同的观测条件下，观测了某测区内 168 个三角形的全部内角，由于观测值存在着偶然误差，三角形内角观测值之和 l 不等于真值 180°，其差值 Δ 称为真误差，可由下式计算，真值用 x 表示。

$$\Delta = l - x \qquad (6\text{-}1)$$

由上式计算出 168 个真误差，按其绝对值的大小和正负，分区间统计相应真误差的个数，列于表 6-1 中。

表 6-1   偶然误差的统计表

误差区间	正误差个数	负误差个数	总数
0″~0.4″	25	24	49
0.4″~0.8″	21	22	43
0.8″~1.2″	16	15	31
1.2″~1.6″	10	10	20
1.6″~2.0″	6	7	13
2.0″~2.4″	3	3	6
2.4″~2.8″	2	3	5
2.8″~3.2″	0	1	1
3.2″以上	0	0	0
总和	83	85	168

从上表中可以看出，绝对值小的误差比绝对值大的误差出现的个数多，例如误差在 0″~0.4″内有 49 个，而 2.8″~3.2″内只有 1 个。绝对值相同的正、负误差个数大致相等，例如上表中正误差为 83 个，负误差为 85 个。本例中最大误差不超过 3.2″。大量的观测统计资料结果表明，偶然误差具有如下特性：

1）在一定的观测条件下，偶然误差的绝对值不会超过一定的限值。

2）绝对值较小的误差比绝对值较大的误差出现的机会多。

3）绝对值相等的正负误差出现的机会相同。

4）偶然误差的算术平均值，随着观测次数的无限增加而趋

近于零，即

$$\lim_{n \to \infty} \frac{[\Delta]}{n} = 0 \qquad (6\text{-}2)$$

式中，n 为观测次数；$[\Delta] = \Delta_1 + \Delta_2 + \cdots + \Delta_n$。

偶然误差的第四个特性是由第三个特性导出的，说明大量的正负误差有互相抵消的可能，当观测次数无限增加时，偶然误差的算术平均值必然趋近于零。事实上对任何一个未知量不可能进行无限次的观测，因此，偶然误差不能用计算改正或用一定的观测方法简单地加以消除。只能根据偶然误差的特性，合理地处理观测数据，减少偶然误差的影响，求出未知量的最可靠值，并衡量其精度。

6.1.4　误差处理原则

在测量工作中，由于观测值中的偶然误差不可避免，有了多余观测，观测值之间必然产生误差（不符值或闭合差）。根据差值的大小，可以评定测量的精度，差值如果大到一定程度，就认为观测值中有错误（不属于偶然误差），称为误差超限。应予重测（返工）。差值如果不超限，则按偶然误差的规律来处理，称为闭合差的调整，以求得最可靠的数值。这项工作称为"测量平差"。

除此之外，在测量工作中还可能发生错误，如瞄错目标、读错读数、记错数据等。错误是由于观测者本身疏忽造成的，通常称为粗差。粗差不属于误差范畴，测量工作中是不允许的，它会影响测量成果的可靠性，测量时必须遵守测量规范，认真操作，随时检查，并进行结果校核。

6.2　评定观测值精度的标准

精度，就是观测成果的精确程度。为了衡量观测成果的精度，必须建立衡量的标准，在测量工作中通常采用中误差、容许误差和相对误差作为衡量精度的标准。

6.2.1　中误差

设在相同的观测条件下，对真值为 x 的某量进行了 n 次观测，其观测值为 l_1、l_2、$\cdots$、l_n，由式（6-1）得出相应的真误差为 Δ_1、Δ_2、$\cdots$、Δ_n，为了防止正负误差互相抵消的可能和避免明显地反映个别较大误差的影响，取各真误差平方和平均值的平方根，作为该组各观测值的中误差（或称为均方误差），以 m 表示，即

$$m = \pm \sqrt{\frac{[\Delta\Delta]}{n}} \tag{6-3}$$

上式表明，观测值的中误差并不等于它的真误差，只是一组观测值的精度指标，中误差越小，相应的观测成果的精度就越高，反之精度就越低。

【例】　设有 A、B 两个小组，对一个三角形同精度地进行了十次观测，分别求出其真误差 Δ 为：

A组：$-6''$、$+5''$、$+2''$、$+4''$、$-2''$、$+8''$、$-8''$、$-7''$、$+9''$、$-4''$

B组：$-11''$、$+6''$、$+15''$、$+23''$、$-7''$、$-2''$、$+13''$、$-21''$、$0''$、$-18''$

试求 A、B 两组观测值的中误差。

解： 按式（6-3）

$$m_A = \pm \sqrt{\frac{(-6)^2+(+5)^2+(+2)^2+(+4)^2+(-2)^2+(+8)^2+(-8)^2+(-7)^2+(+9)^2+(-4)^2}{10}}$$

$$= \pm 6.0''$$

$$m_B = \pm \sqrt{\frac{(-11)^2+(+6)^2+(+15)^2+(+23)^2+(-7)^2+(-2)^2+(+13)^2+(-21)^2+0+(-18)^2}{10}}$$

$$= \pm 13.8''$$

比较 M_A 和 M_B 的数值可知，A 组的观测值的精度高于 B 组。

在观测次数 n 有限的情况下，中误差计算公式首先能直接反映出观测成果中是否存在着大误差，如上面 B 组就受到几个较大误差的影响。中误差越大，误差分布得越离散，说明观测值的精度较低。中误差越小，误差分布得就越密集，说明观测值的精度较高，如上面 A 组误差的分布要比 B 组密集得多。另外，对于某一个量同精度观测值中的每一个观测值，其中误差都是相等的，如上例中，A 组的十个三角形内角和观测值的中误差都是 $\pm 6.0''$。

6.2.2　容许误差

由偶然误差的第一个特性可知，在一定的观测条件下，偶然误差的绝对值不会超过一定的限值。根据大量的实践和误差理论统计证明，在一系列同精度的观测误差中，偶然误差的绝对值大于中误差的出现个数约占总数的 32%；绝对值大于 2 倍中误差的出现个数约占总数的 4.5%；绝对值大于 3 倍中误差的出现个数约占总数的 0.27%。因此，在测量工作中，通常取 $2 \sim 3$ 倍中误差作为偶然误差的容许值，称为容许误差，即

$$|\Delta_{容}| = 2|m|$$
$$|\Delta_{容}| = 3|m| \tag{6-4}$$

如果观测值的误差超过了 3 倍中误差，可认为该观测结果不可靠，应舍去不用或重测。现行作业规范中，为了严格要求，确保测量成果质量，常以 2 倍中误差作为容许误差。

6.2.3　相对误差

在某些情况下，用中误差还不能完全表达出观测值的精度高低。例如丈量了两段距离，第一段为 100m，第二段为 200m，它们的中误差都是 ± 0.01m，显然，后者的精度要高于前者。因此，观测量的精度与观测量本身的大小有关时，还必须引入相对误差的概念。相对误差是小误差的绝对值与相应观测值之比。相

对误差是个无名数，测量中常用分子为 1 的分式表示，即

$$K = \frac{|m|}{D} = \frac{\frac{1}{D}}{|m|} \tag{6-5}$$

在上例中：

$$K_1 = \frac{|m_1|}{D_1} = \frac{0.01}{100} = \frac{1}{10000}$$

$$K_2 = \frac{|m_2|}{D_2} = \frac{0.01}{200} = \frac{1}{20000}$$

可直观地看出，后者的精度高于前者。

真误差、中误差、容许误差都是带有测量单位的数值，统称为绝对误差，而相对误差是个无名数，分子与分母的量度单位要一致，同时要将分子约化为 1。

6.3 观测值的算术平均值及改正值

6.3.1 算术平均值

设在相同精度观测条件下，对某一量进行了 n 次观测，其观测值为 l_1，l_2，$\cdots$，l_n，算术平均值为 L，未知量的真值为 x，对应观测值的真误差为 Δ_1，Δ_2，$\cdots$，Δ_n，显然

$$L = \frac{l_1 + l_2 + \cdots + l_n}{n} = \frac{[l]}{n} \tag{6-6}$$

又

$$\Delta_1 = l_1 - x$$

$$\Delta_2 = l_2 - x$$

$$\cdots\cdots$$

$$\Delta_n = l_n - x$$

将上面公式取和除以 n 得

$$\frac{[\Delta]}{n} = \frac{[l]}{n} - x$$

顾及式（6-6），得

$$L = \frac{[\Delta]}{n} + x$$

根据偶然误差的第四个特性，当观测次数无限增加时，其偶然误差的算术平均值趋近于零，即

$$\lim_{n \to \infty} L = x \qquad (6-7)$$

由上式可知，当观测次数无限增加时，算术平均值就趋近于未知量的真值。但是在实际测量工作中，观测次数 n 总是有限的，通常取算术平均值作为最后结果，它比所有的观测值都可靠，故把算术平均值称为"最可靠值"或"最或然值"。

未知量的最或然值与观测值之差称为观测值的改正数，以 ν 表示，即

$$\nu_1 = L - l_1$$
$$\nu_2 = L - l_2$$
$$\cdots\cdots$$
$$\nu_n = L - l_n$$

将上面公式求和得

$$[\nu] = 0 \qquad (6-8)$$

6.3.2　观测值的改正值

从前面的讲述知道，观测值的精度主要是由中误差来衡量的，用式（6-3）计算观测值的中误差前提条件是要知道观测值的真误差 Δ，但是，在大多数的情况下，未知量的真值 x 是不知道的，因而真误差通常也是不知道的。因此，在测量实际工作中，通常利用观测值的改正数计算中误差，下面推导计算公式。

由真误差和改正数的定义可知：

$$\left.\begin{array}{l} \Delta_1 = l_1 - x \\ \Delta_2 = l_2 - x \\ \cdots\cdots \\ \Delta_n = l_n - x \end{array}\right\} \qquad (a)$$

$$\left.\begin{array}{l} \nu_1 = L - l_1 \\ \nu_2 = L - l_2 \\ \cdots\cdots \\ \nu_n = L - l_n \end{array}\right\} \qquad (b)$$

将式（a）、式（b）相加得

$$\left.\begin{array}{l} \Delta_1 + \nu_1 = L - x \\ \Delta_2 + \nu_2 = L - x \\ \cdots\cdots \\ \Delta_n + \nu_n = L - x \end{array}\right\} \qquad (c)$$

设 $\delta = L - x$，代入上式，移项后式（c）变为

$$\left.\begin{array}{l} \Delta_1 = \delta - \nu_1 \\ \Delta_2 = \delta - \nu_2 \\ \cdots\cdots \\ \Delta_n = \delta - \nu_n \end{array}\right\} \qquad (d)$$

将式（d）两端平方后取和得

$$[\Delta\Delta] = n\delta^2 - 2\delta[\nu] + [\nu\nu]$$

由 $[\nu] = 0$，上式变为

$$[\Delta\Delta] = n\delta^2 + [\nu\nu] \qquad (e)$$

将式（e）两端除以 n 得

$$\frac{[\Delta\Delta]}{n} = \delta^2 + \frac{[\nu\nu]}{n} \qquad (f)$$

再将式（d）取和得

$$[\Delta] + [\nu] = n\delta$$

即

$$\delta = \frac{[\Delta]}{n} = \frac{\Delta_1 + \Delta_2 + \cdots + \Delta_n}{n} \qquad (g)$$

将式（g）两端平方得

$$\delta^2 = \frac{[\Delta]^2}{n^2}$$

$$= \frac{1}{n^2}(\Delta_1^2 + \Delta_2^2 + \cdots + \Delta_n^2 + 2\Delta_1\Delta_2 + 2\Delta_1\Delta_3 + \cdots)$$

$$= \frac{[\Delta\Delta]}{n^2} + \frac{2}{n^2}(\Delta_1\Delta_2 + \Delta_1\Delta_3 + \cdots)$$

上式中，$\Delta_1\Delta_2$，$\Delta_1\Delta_3\cdots$ 为偶然误差乘积，同样具有偶然误差的性质，当观测次数 n 无限增大时，上式等号右边第二项应趋近于零，并顾及式（f），则有

$$\frac{[\Delta\Delta]}{n} = \frac{[\Delta\Delta]}{n^2} + \frac{[\nu\nu]}{n}$$

由式（6-3）可得

$$m^2 = \frac{[\nu\nu]}{n} + \frac{1}{n}m^2$$

所以得出如下公式：

$$m = \pm\sqrt{\frac{[\nu\nu]}{n-1}}$$

这就是用观测值的改正数计算中误差的公式，称为白塞尔公式。

6.3.3　算术平均值中的中误差

由式（6-6）算术平均值的计算公式有

$$L = \frac{l_1 + l_2 + \cdots + l_n}{n}$$

$$= \frac{1}{n}l_1 + \frac{1}{n}l_2 + \cdots + \frac{1}{n}l_n$$

上式中 $\frac{1}{n}$ 为常数，而各观测值是同精度的，所以，它们的中误差均为 m，根据误差传播定律，可得出算术平均值的中误差：

$$M^2 = \frac{1}{n^2}m^2 + \frac{1}{n^2}m^2 + \cdots + \frac{1}{n^2}m^2$$

$$= \frac{1}{n^2}nm^2$$

$$= \frac{m^2}{n}$$

所以

$$M = \pm \frac{m}{\sqrt{n}}$$

从上式可知，算术平均值的中误差 M 要比观测值的中误差 m 小 $\sqrt{n}$ 倍，观测次数越多，算术平均值的中误差就越小，精度就越高。适当增加观测次数 n，可以提高观测值的精度，当观测次数增加到一定次数后，算术平均值的精度提高就很微小，所以，应该根据需要的精度，适当确定观测的次数。

【例】   对某一段水平距离同精度丈量了 6 次，其结果列于表 6-2。试求其算术平均值、一次丈量中误差、算术平均值中误差及其相对误差。

表 6-2   同精度测量结果

序号	观测值 l_i/m	改正数 ν_i/mm	$\nu\nu$
1	136.658	-3	9
2	136.666	-11	121
3	136.651	+4	16
4	136.662	-7	49
5	136.645	+10	100
6	136.648	+7	49
Σ	819.930	0	344

解：

$$L = \frac{819.930}{6} = 136.655(\text{m})$$

$$m = \pm \sqrt{\frac{344}{6-1}} = \pm 8.3(\text{mm})$$

$$M = \frac{\pm 8.3}{\sqrt{6}} = \pm 3.4(\text{mm})$$

$$K = \frac{1}{\dfrac{136.655}{3.4 \times 10^{-3}}} \approx \frac{1}{40000}$$

6.4　误差传播定律及应用

6.4.1　误差传播定律

本章第三节介绍了对某一量（例如一个角度、一段距离）直接进行多次观测，以求得其最或然值，计算观测值的中误差，作为衡量精度的标准。但在实际工作中，某些未知量不可能或不便于直接进行观测，而需要由另一些直接观测值根据一定的函数关系计算出来。由于观测值中含有误差，使函数受其影响也含有误差，称为误差传播。阐述观测值与它的函数值之间中误差关系的定律，称为误差传播定律。

设有一般函数：

$$Z = F(x_1, x_2, \cdots, x_n) \tag{6-9}$$

式中，x_1，x_2，$\cdots$，x_n 为可直接观测的相互独立的未知量，设其中误差分别为 m_1，m_2，$\cdots$，m_n，不便于直接观测的未知量经推导有

$$m_Z = \pm \sqrt{\left(\frac{\partial F}{\partial x_1}\right)^2 m_1^2 + \left(\frac{\partial F}{\partial x_2}\right)^2 m_2^2 + \cdots + \left(\frac{\partial F}{\partial x_n}\right)^2 m_n^2} \tag{6-10}$$

上式即为计算函数中误差的一般形式。应用时，必须注意各观测值必须是独立的变量。

对于线性函数：

$$Z = k_1 x_1 \pm k_2 x_2 \pm \cdots \pm k_n x_n$$

式（6-9）可简化为

$$m_Z^2 = (k_1 m_1)^2 + (k_2 m_2)^2 + \cdots + (k_n m_n)^2 \qquad (6\text{-}11)$$

如果某线性函数只有一个自变量，即

$$Z = kx \qquad (6\text{-}12)$$

$$m_Z = kx \qquad (6\text{-}13)$$

应用误差传播定律解题时，应按以下三个步骤进行：

第一步，根据实际工作中遇到的问题，正确写出观测值的函数式。

第二步，对函数式进行全微分。

第三步，将全微分式中的微分符号用中误差符号代替，取各项平方，等式右边用加号连接起来，即将全微分式转换为中误差关系式。

【例】 在三角形 ABC 中，$\angle A$ 和 $\angle B$ 的观测中误差 m_A 和 m_B 分别为 $\pm 4''$ 和 $\pm 3''$，试计算 $\angle C$ 的中误差 m_C。

解： 函数关系式为 $\angle C = 180° - \angle A - \angle B$。

因为 180°是已知数，没有误差，得

$$m_C^2 = m_A^2 + m_B^2$$

则

$$m_C = \pm 5''$$

【例】 在比例尺为 $1 : 500$ 的地形图上量得某两点间的距离 $d = 51.2\text{mm} + 0.2\text{mm}$。计算两点间的实地距离 D 及其中误差 m_D。

解： 函数关系式为

$D = Md = 500 \times 51.2 = 25600\text{mm}$ （M 为比例尺分母）

而 $m_d = \pm 0.2\text{mm}$

$$m_D^2 = 500^2 \times m_d^2 = 10\,000\text{mm}$$

$$m_D = \pm 100\text{mm}$$

那么这段距离及其中误差可以写成：$D = 25.6 \pm 0.1\text{m}$

【例】 设对某一未知量 z 在相同观测条件下进行多次观测，观测值分别为 l_1，l_2，$\cdots$，l_n，其中误差均为 m。求算术平均值 x 的中误差 m_x。

解： 函数关系式为 $x = \dfrac{[l]}{n} = \dfrac{1}{n}l_1 + \dfrac{1}{n}l_2 + \cdots + \dfrac{1}{n}l_n$ 由式（6-11）可知，算术平均值的中误差 m_x 为

$$m_x^2 = \left(\frac{1}{n}m_1\right)^2 + \left(\frac{1}{n}m_2\right)^2 + \cdots + \left(\frac{1}{n}m_n\right)^2$$

因为　　$m_1 = m_2 = m_n = m$

则有　　$m_x = \pm \dfrac{m}{\sqrt{n}}$

6.4.2　误差传播定律的应用

应用误差传播定律，可以讨论某些测量成果的精度及其限差规定的理论根据。

1. 距离测量的精度

设用长度为 l 的钢尺丈量一尺段的中误差为 m，共量 n 个尺段，其水平距离为 D，则

$$D = l_1 + l_2 + \cdots + l_n \tag{6-14}$$

上式为等精度线性函数，因此由式（6-11）得水平距离 D 的中误差 m_D 为

$$m_D = \pm m \sqrt{n}$$

用尺段数 $n = D/l$ 代入上式，得

$$m_D = \pm \frac{m}{\sqrt{l}} \sqrt{D}$$

令：

$$\mu = \frac{m}{\sqrt{l}}$$

μ 称为"单位长度的中误差"，则距离 D 的量距中误差为

$$m_D = \pm \mu \sqrt{D} \tag{6-15}$$

由此可见，距离丈量的中误差与距离的平方根成正比。

在实际工作中，通常采用两次丈量结果的较差与长度之比来评定丈量精度，则有较差 ΔD 的中误差 $m_{\Delta D}$ 为

$$m_{\Delta D} = m_D \sqrt{2} = \pm \mu \sqrt{2} \sqrt{D}$$

则 ΔD 的容许误差 $\Delta D_容$ 为

$$\Delta D_容 = 2m_{\Delta D} = \pm \mu 2 \sqrt{2} \sqrt{D}$$

实践证明，在地形良好地区，$2\mu = \pm 0.005\text{m}$。

则有

$$\Delta D_容 = 2m_{\Delta D} = \pm 0.005 \sqrt{2} \sqrt{D} = \pm 0.007 \sqrt{D}$$

其相对误差为

$$K_容 = \frac{\Delta D}{D} = \frac{0.007 \sqrt{D}}{D}$$

以常用 $D = 200\text{m}$ 代入上式得

$$K_容 = \frac{\Delta D}{D} = \frac{1}{2000} \qquad (6\text{-}16)$$

因此，在一般距离丈量中，在地形良好的地区，其相对误差应不大于 1/2000。

2. 角度测量的精度

（1）水平角观测的精度　用 DJ$_6$ 经纬仪观测水平角，其一方向一测回观测中的误差 $m = \pm 6''$，则一个盘位照准一个方向的中误差为

$$m_方 = m \sqrt{2} = \pm 6'' \sqrt{2} = \pm 8''.5$$

由于水平角值是取盘左、盘右两个半测回角值的平均值，故半测回水平角值的中误差为

$$m_\beta = \pm 12''.0$$

而上、下两个半测回角度限差是以两个半测回角度值之差 $m_{\Delta\beta}$ 来衡量的，则两个半测回角度值之差 $m_{\Delta\beta}$ 的中误差为

$$m_{\Delta\beta} = m_\beta \sqrt{2} = \pm 17''.0 \qquad (6\text{-}17)$$

顾及其他影响，取 $m_{\Delta\beta}$ 为 $\pm 20''$，故用 DJ$_6$ 级经纬仪观测水平角，盘左、盘右分别测得水平角值之差允许值一般规定为 $\pm 20''$。

（2）多边形角度闭合差的规定　n 边形的内角（水平角 β）之和在理论上应为 $(n-2) \times 180°$，由于观测的水平角中存在误

差，使测得的内角之和 $\sum\beta_测$ 不等于 $\sum\beta_理$ 而产生角度闭合差：

$$f_\beta = \sum\beta_测 - \sum\beta_理 = \beta_1 + \beta_2 + \cdots +$$
$$\beta_n - (n-2) \times 180°$$

由此可见，角度闭合差为各角之和的和差函数，由于各个角度为等精度观测，其中误差为

$$m_{\sum\beta} = \pm m_\beta \sqrt{n}$$

如果以两倍中误差为极限误差，则允许的角度闭合差为

$$f_{\beta容} = \pm 2m_\beta \sqrt{n}$$

由式（6-17）得

$$f_{\beta容} = \pm 2m_\beta \sqrt{n} = \pm 40'' \sqrt{n} \tag{6-18}$$

3. 水准测量的精度

（1）两次测定高差时的精度　一次测定两点间高差的公式为：$h = a - b$

设前视或后视在水准尺上读数的中误差：

$$m_h = m\sqrt{2} = \pm 1.4\text{mm}$$

两次测定高差之差的计算公式为

$$\Delta h = h_1 - h_2 = (a_1 - b_1) - (a_2 - b_2)$$

则高差之差的中误差为

$$m_{\Delta h} = m_h\sqrt{2} = \pm 2\text{mm} \tag{6-19}$$

如果以两倍中误差为极限误差，则为 $\pm 4\text{mm}$。另外，考虑到在水准测量中还有水准管气泡置平误差的影响，故一般规定：用 DS_3 级水准仪，两次测定高差之差不得超过 $\pm 5\text{mm}$。

（2）水准测量的精度　设在两水准点之间的一条水准路线上进行水准测量，共设 n 个测站，两点间的高差为各测站所测高差的总和：

$$\sum h = h_1 + h_2 + \cdots + h_n$$

设每个测站所测高差的中误差为 $m_站$，由误差传播定律，高差总和中误差为

$$m_\Sigma = m_{站}\sqrt{1/s} = m_{站}\sqrt{\frac{1}{s}}\sqrt{L}$$

式中，$1/s$ 为每公里的测站数；$m_{站}\sqrt{1/s}$ 为每公里水准测量的中误差，既单位观测值中误差，用 μ 表示；则 $m_\Sigma = \pm\mu\sqrt{L}$

即水准测量的高差中误差与水准路线距离的平方根成正比。

已知四等水准测量每公里往返高差的平均值中误差 $\mu = \pm 5\text{mm}$，则 L 公里单程高差的中误差为：$m_\Sigma = \pm 5\sqrt{2}\sqrt{L}$

往返测量高差较差的中误差为

$$m_{\Delta h} = \pm m_\Sigma\sqrt{2} = \pm 10\sqrt{L}$$

取两倍中误差作为极限误差，则较差的容许值为

$$f_{h容} = 2m_{\Delta h} = \pm 20\sqrt{L}(\text{mm})$$

因此，有规定：四等水准测量往返测量的较差，在附合或闭合路线中，闭合差不应大于 $\pm 20\sqrt{L}$。

实训：根据已知数据核算各种误差

1. 对某线段丈量六次的结果分别为：

132.992m   132.988m   132.990m   132.995m   132.999m
132.995m

试求该线段丈量结果的算术平均值、观测值中误差、算术平均值的中误差及其相对误差。

2. 对于某一矩形场地，量得其长度 $a = (25.000 \pm 0.005)\text{m}$，宽度 $b = (20.000 \pm 0.004)\text{m}$，计算该矩形场地的面积 A 及其中误差 m_A。

第7章 小区域控制测量

在工程规划设计中，需要一定比例尺的地形图和其他测绘资料，不仅如此，在工程施工中也需要进行施工测量。为了限制误差的累积和传播，保证测图和施工的精度及速度，测量工作必须遵循"从整体到局部，由高级到低级，先控制后碎部"的原则。即先进行整个测区的控制测量，然后再进行碎部测量。控制测量的实质就是在测区内选定若干个有控制作用的控制点，按一定的规律和要求布设成几何图形或折线，测定控制点的平面位置和高程。

在全国范围内建立的控制网，称为国家控制网。它采用精密测量仪器和方法，依照相关规定施测，按精度分为四个等级，即一、二、三、四等，按照"先高级后低级，逐级加密"的原则而建立。它是全国各种比例尺测图的基本控制，并为确定地球的形状和大小提供研究资料和信息。

城市（厂矿）控制网是在国家控制网的基础上，为满足城市（厂矿）建设工程需要而建立的不同等级的控制网，以供城市和工程建设中测图和规划设计使用，也是施工放样的依据。

在小范围（面积一般在 $15km^2$ 以下）内建立的控制网称为小区域控制网，它是为满足大比例尺测图和建设工程需要而建立的控制网。小区域控制网应尽可能与国家或城市控制网联测，若不便联测，也可以建立独立控制网。直接为测图建立的控制网称为图根控制网。高等级公路的控制网，一般应与附近的国家或城市控制网联测。

测定控制点平面位置的工作，称为平面控制测量；测定控制点高程的工作，称为高程控制测量。

本章将讲述控制测量、导线测量、交会定点测量、三、四等水准测量实施测量的方法、三角高程的测量等内容。

7.1 控制测量

7.1.1 平面控制测量

在传统测量工作中，平面控制通常采用三角网测量、导线测量和交会测量等常规方法建立。现今，全球定位系统 GPS 也成为建立平面控制网的主要方法。

1. 三角网测量

三角网测量是在地面上选定一系列的控制点，构成相互连接的若干个三角形，组成各种网（锁）状图形。通过观测三角形的内角或（和）边长，再根据已知控制点的坐标、起始边的边长和坐标方位角，经解算三角形和坐标方位角推算可得到三角形各边的边长和坐标方位角，进而由直角坐标正算公式计算待定点的平面坐标。

三角形的各个顶点称为三角点，各三角形连成网状的称为三角网（如图 7-1 所示），连成锁状的称为三角锁（如图 7-2 所示）。按观测值的不同，三角网测量可分为三角测量、三边测量和边角测量。

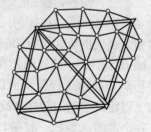

图 7-1　三角网示意图

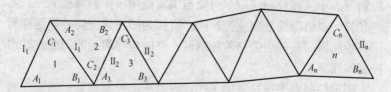

图 7-2　三角锁示意图

2. 导线测量

导线是一种将控制点用直线连接起来所形成的折线形式的控制网，其控制点称为导线点，点间的折线边称为导线边，相邻导线边之间的夹角称为转折角（又称导线折角或导线角）。其中，与坐标方位角已知的导线边（称为定向边）相连接的转折角，称为连接角（又称定向角）。通过观测导线边的边长和转折角，依据起算数据经计算而获得导线点的平面坐标，即为导线测量。导线测量布设简单，每点仅需与前、后两点通视，选点方便，特别是在隐蔽地区和建筑物多而通视困难的城市，应用起来方便灵活。

3. 交会测量

交会测量是利用交会定点法来加密平面控制点的一种控制测量方法。通过观测水平角来确定交会点平面位置的工作称为测角交会；通过测边来确定交会点平面位置的工作称为测边交会；通过同时测边长和水平角来确定交会点的平面位置的工作称为边角交会。

在全国范围内建立的控制网，称为国家平面控制网。我国原有国家平面控制网主要按三角网方法布设，分为一、二、三、四等四个等级。其中，一等三角网作为低等级平面控制网的基础精度最高，精度由高到低逐级降低。一等三角网由沿经线、纬线方向的三角锁构成，并在锁段交叉处测定起始边，如图 7-3 所示，三角形平均边长为 20 ~ 25km。二等三角网布设在一等三角锁所围成的范围内，构成全面三角网，平均边长为 31km，二等三角网是扩展低等平面控制网的基础。三、四等三角网的布设采用插网和插点的方法，作为一、二等三角网的进一步加密，三等三角网平均边长为 8km，四等三角网平均边长为 2 ~ 6km，四等三角点每点控制面积为 15 ~ 20km^2，可以满足 1:10000 和 1:5000 比例尺地形测图需要。国家平面控制网是采用精密测量仪器和方法依照施测精度建立的，它的低等级点受高等级点逐级控制。

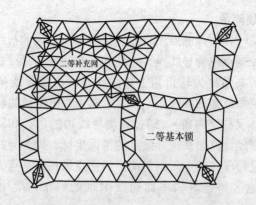

图 7-3　国家平面控制三角网示意图

　　在城市或工程建设地区，为满足 1∶500～1∶2000 比例尺地形测图和城市工程建设施工放样的需要，应进一步布设城市或工程平面控制网。城市或工程平面控制网是在国家控制网的控制下布设，并按城市或工程建设范围大小布设成不同等级的平面控制网，分为二、三、四等三角网或三、四等导线网和一、二级小三角网或一、二、三级导线网。城市三角测量和导线测量的主要技术指标见表 7-1 和表 7-2。

表 7-1　城市三角测量的主要技术指标

等级		平均边长/km	测角中误差/″	起始边边长相对中误差	最弱边边长相对中误差	测回数			三角形最大闭合差/″
						DJ1	DJ2	DJ6	
二等		9	1	≤1/250000	≤1/120000	12	—	—	3.5
三等	首级	4.5	1.8	≤1/150000	≤1/70000	6	9	—	7
	加密			≤1/120000					
四等	首级	2	2.5	≤1/100000	≤1/40000	4	6		9
	加密			≤1/70000					
一级小三角		1	5	≤1/40000	≤1/20000	—	2	4	15
二级小三角		0.5	10	≤1/20000	≤1/10000	—	1	2	30

表7-2　城市导线测量的主要技术指标

等级	导线长度/km	平均边长/km	测角中误差/″	测距中误差/mm	测距相对中误差	测回数			方位角闭合差/″	相对闭合差
						DJ1	DJ2	DJ6		
三等	14	3	1.8	20	≤1/150000	6	10	—	$3.6\sqrt{n}$	≤1/55000
四等	9	1.5	2.5	18	≤1/80000	4	6	—	$5\sqrt{n}$	≤1/35000
一级	4	0.5	5	15	≤1/30000	—	2	4	$10\sqrt{n}$	≤1/15000
二级	2.4	0.25	8	15	≤1/14000	—	1	3	$16\sqrt{n}$	≤1/10000
三级	1.2	0.1	12	15	≤1/7000	—	1	2	$24\sqrt{n}$	≤1/5000

注:n 为测站数。

　　直接供地形测图使用的控制点，称为图根控制点。图根点的密度（包括高级点）取决于测图比例尺和地物、地貌的复杂程度。平坦开阔地区图根点的密度可参考表7-3 的规定。在有困难地区、山区，表中规定的点数可适当增加。

表7-3　平坦开阔地区图根点的密度

测图比例尺	1∶500	1∶1000	1∶2000	1∶5000
图根点密度/(点/km^2)	150	50	15	5

　　至于布设何等级别的控制网作为首级控制，应根据城市或工程建设的规模来确定。中小城市一般以四等网作为首级控制网。面积在 15km^2 以下的小城镇，可用小三角网或一级导线网作为首级控制。面积在 0.5km^2 以下的测区，图根控制网可作为首级控制。

　　平面控制测量方法的选择应因地制宜，既满足当前需要，又兼顾今后发展，做到技术先进、经济合理、确保质量、长期适用。

4. GPS 测量

　　GPS 测量是以分布在空中的多个 GPS 卫星为观测目标来确定地面点三维坐标的定位方法。20 世纪 80 年代末，全球卫星定位系统（GPS）开始在我国用于建立平面控制网，现如今，GPS已成为建立平面控制网的主要方法。应用 GPS 定位技术建立的控制网称为 GPS 控制网，按精度分为 A，B，C，D，E 五个不同精度等级的 GPS 控制网。在全国范围内，已建立了国家（GPS）A 级网 27 个点、B 级网 818 个点。

7.1.2 高程控制测量

高程控制主要通过水准测量方法建立，而在地形起伏大、直接进行水准测量较困难的地区以及图根高程控制网，可采用三角高程测量方法建立。

在全国范围内采用水准测量方法建立的高程控制网，称为国家水准网，它是全国范围内施测各种比例尺地形图和各类工程建设的高程控制基础。国家水准网遵循从整体到局部、由高级到低级、逐级控制、逐级加密的原则分四个等级布设。

国家一、二等水准网采用精密水准测量建立，是研究地球形状和大小、海洋平均海水面变化的重要资料。国家一等水准网是国家高程控制网的骨干；二等水准网布设于一等水准网内，是国家高程控制网的基础；国家三、四等水准网为国家高程控制网的进一步加密，为地形测图和工程建设提供高程控制点。

以国家水准网为基础，城市高程控制测量分为二、三、四等，根据城市范围的大小，其首级高程控制网可布设成二等或三等水准网，用三等或四等水准网做进一步加密，在四等以下再布设直接为测图用的图根水准网。水准点间的距离，一般地区为 2~3km，城市建筑区为 1~2km，工业厂区小于 1km，一个测区至少设立三个水准点。水准测量的主要技术要求见表7-4。

在小区域范围内建立高程控制网，应根据测区面积大小和工程要求，采用分级建设的方法。一般情况下，是以国家或城市等级水准点为基础，在整个测区建立三、四等水准网或水准路线，用图根水准测量或三角高程测量测定图根点的高程。

表 7-4　水准测量的主要技术指标

等级	每千米高差全中误差/mm	路线长度/km	水准仪型号	水准尺	观测次数		往返较差、附合或环线闭合差	
					与已知点联测	附合或环线	平地/mm	山地/mm
二等	2	—	DS1	铟瓦	往返各一次	往返各一次	$4\sqrt{L}$	—
三等	6	≤50	DS1	铟瓦	往返各一次	往一次	$12\sqrt{L}$	$4\sqrt{n}$
			DS3	双面		往返各一次		
四等	10	≤16	DS3	双面	往返各一次	往一次	$20\sqrt{L}$	$6\sqrt{n}$
五等	15	—	DS3	单面	往返各一次	往一次	$30\sqrt{L}$	—

注：L 为附合路线或环线的长度，单位为 km。

7.1.3　控制测量的一般作业流程

控制测量作业流程包括技术设计、实地选点、标石埋设、观测和平差计算等主要步骤。在一般的高等级平面控制测量中，若某些方向因受地形条件限制而不能使相邻控制点间直接通视时，必须在选定的控制点上建造测量标。当采用 GPS 定位技术建立平面控制网时，因为不要求相邻控制点间通视，所以选定控制点后不需要建立测量标。

控制测量的技术设计主要包括确定精度指标和设计控制网的网形。在测量工程实践活动中，控制网的等级和精度标准需根据测区范围大小和控制网的用途来确定。若范围较大时，为了既能使控制网形成一个整体，又能相互独立地进行工作，必须采用"从整体到局部，分级布网，逐级控制"的布网原则；若范围不大，则可布设成同级全面网。设计控制网网形时，首先应收集测区的地形图、已有控制点成果及测区的人文、地理、气象、交通、电力等技术资料，然后进行控制网的图上设计。在收集到的地形图上标出已有的控制点的位置和待工作的测区范围，依据测量目的对控制网的具体要求，结合地形条件在图上设计出控制网的网形，且选定控制点的位置。然后到实地踏勘，以判明图上标定的已有的控制点是否与实地相符，并查明标石是否完好；查看预选的路线和控制点点位是否合适，通视是否良好；若有必要可做适当的调整并在图上标明。最终根据图上设计的控制网方案到实地选点，确定控制点的最适宜位置。实地选点的点位一般应满足的条件为：点位稳定，等级控制点应能长期保存；便于扩展、加密和观测。经选点确定的控制点点位，要进行标石埋设，并将它们在地面上固定下来，绘制点之记图。

控制网中控制点的坐标或高程是由起算数据和观测数据经平差计算得到的。控制网中只有一套必要起算数据（三角网中已知一个点的坐标、一条边的边长和一边的坐标方位角；水准网中已知一个点的高程）的控制网称为独立网。如果控制网中多于一套必要起算数据，则这种控制网称为附合网。控制网中的观测数据按控制网的种类不同而不同，有水平角或方向、边长、高差以及三角高程的竖直角或天顶距。观测工作结束后，应对观测数据进行检核，保证观测成果满足要求，然后进行平差计算。对于低等级控制网（如图根控制网）允许采用近似平差计算。

7.2 导线测量

7.2.1 导线的形式

导线测量是建立局部地区平面控制网的常用方法。特别是在地物分布较复杂的建筑区，通视条件较差的隐蔽区、居民区、森林地区和地下工程等的控制测量。

根据测量任务在测区内选定若干控制点，组成的多边形或折线称为导线，这些点称为导线点。观测导线边长及夹角等测量工作称为导线测量。

根据测区的条件和需要，导线可布设成下列三种形式。

1. 闭合导线

导线从一点出发，经过若干点的转折，最后又回到起点的导线，称为闭合导线。

如图 7-4 所示，导线从已知的高级控制点 B 出发，经过 1，2，3，4 点，最后又回到起点 B，形成一个闭合多边形，测量连接角 φ_B 及闭合导线内角。因 n 边闭合多边形内角和应满足理论值 $(n-2) \times 180°$，故可检核观测成果。

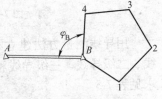

图 7-4　闭合导线示意图

2. 附合导线

布设在两个已知高级点间的导线，称为附合导线。

如图 7-5 所示，导线从一方高级控制点 B 和已知方向 BA 发，经过 1，2，3 点的转折，最后附合到另一高级控制点 C 和已知方向 CD 上。测量连接角 φ_B 及附合导线的折角 φ_C，此种导线布设形式，也具有很好检核观测成果的作用。

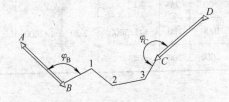

图 7-5　附合导线示意图

3. 支导线

由一已知点和一已知方向出发，既不附合到另一已知点，又不回到原起点的导线称为支导线。

如图 7-6 所示，B 为已知控制点，测量连接角 φ_B 及 1，2 点的折角，由于支导线缺乏检核条件，不易发现错误，故不得多于4 条边，总长度不得超过附合导线长的一半。

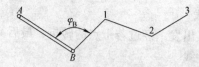

图 7-6　支导线示意图

用导线测量方法建立小地区平面控制网，通常分为一级导线、二级导线、三级导线和图根导线等几个等级，其主要技术要求见表7-5。

表 7-5　各级钢尺量导线主要技术指标

等级	测图比例尺	附合导线长度/m	平均边长/m	往返丈量较差的相对中误差/mm	测角中误差/″	导线全长相对闭合差 K	测回数 DJ2	测回数 DJ6	方位角闭合差/″
一级		3600	300	≤1/20000	≤ ±5	1/10000	2	4	±10√n
二级		2400	200	≤1/15000	≤ ±8	1/7000	1	3	±16√n
三级		1500	120	≤1/10000	≤ ±12	1/5000	1	2	±24√n
图根	1:500	500	75						
	1:1000	1000	120	≤1/3000	±20	1/2000		1	±60√n
	1:2000	2000	200						

注：n 为边数。

7.2.2　导线测量的外业工作

导线测量的外业工作包括：踏勘选点，建立标志；测边和测角。

1. 踏勘选点，建立标志

导线点的选择，直接影响到导线测量的精度和速度以及导线点的使用和保存。因此，在踏勘选点之前，首先要调查和收集测区已有的地形图及高等级控制点的成果资料，依据测图和施工的需要，在地形图上拟定导线的布设方案，然后到野外现场踏勘、核对、修改、落实点位和建立标志。如果测区没有以前的地形资料，则需要现场实地踏勘，根据实际情况，直接拟定导线的路线和形式，选定导线点的点位及建立标志。选点时，应注意以下几点：

1）相邻点间要通视良好，地势较平坦，便于量边和测角。

2）点位应选在土质坚实、视野开阔处，以便于保存点的标志和安置仪器，同时也便于碎部测量和施工放样。

3）导线边长应大致相等，相邻边长度之比不要超过三倍，其平均边长根据测量的要求应符合表 7-5 的规定。

4）所选导线点必须满足观测视线超越（或旁离）障碍物 1.3m 以上。

5）路线平面控制点的位置应沿路线布设，距路中心的位置宜大于 50m 且小于 300m，同时应便于测角、测距、地形测量和定线放样。

6）在桥梁和隧道处，应考虑桥隧布设控制网的要求；在大型构造物的两侧应分别布设一对平面控制点。

7）导线点要有足够的密度，便于控制整个测区。

确定导线点的位置后，应根据需要做好标志。在沥青或碎石路面上，也可用顶上刻有"十"字的大钢钉代替；若导线点为短期保存，只要在地面上打下一个大木桩，在桩顶钉上一个小钉作为导线点的临时标志，如图 7-7 所示；若导线点需要长期保存，就要埋设桩顶刻凿"十"字的石桩或在桩顶上端预埋刻有"十"字的钢筋混凝土桩，如图 7-8 所示。

为了避免弄乱，导线点要分等级统一编号，以便于测量资料的统一管理。为了在使用时利于寻找，可以在点位附近的房角、电线杆等明显地物上用红漆标明指示导线点与该明显地物的方向和距离；并绘制选点略图，即"点之记"，在"点之记"上应注记地名、道路名、导线点编号以及导线点至最近的明显地物点的距离，最少两个以上，以便于今后寻找和使用。

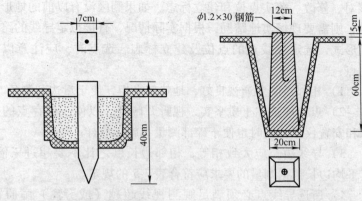

图 7-7   图根导线点的埋设示意图   图 7-8   等级导线点的埋设

2. 边、角观测和定向

（1）测边   导线边长可用电磁波测距仪或全站仪单向施测完成，也可用经检定过的钢尺往返丈量完成，但要符合规定。量距时，若平均尺温与检定时的温度相差大于 10℃，则应进行温度改正；若尺面倾斜大于 1.5%，则应进行倾斜改正。

（2）测角   导线的转折角有左、右之分，以导线为界，按编号顺序方向前进，在前进方向左侧的角称为左角，在前进方向右侧的角称为右角。对于附合导线，可测其左角，也可测其右角（在公路测量中，一般是观测右角），但全线要统一。对于闭合导线，可测其内角，也可测其外角，若测其内角并按逆时针方向编号，其内角均为左角，反之均为右角。角度观测采用测回法。各等级导线的测角要求，均应符合规定。对于图根级导线。一般用 J6 级光学经纬仪测一个测回，盘左、盘右测得角值的较差不大于 40″时，取平均值作为最后结果。

当测角精度要求较高、导线边长较短时，为了减少对中误差和目标偏心误差，可采用三联脚架法进行作业。

如图 7-9 所示，经纬仪置于导线点 2 时，在导线点 1、3 上安置与观测仪器同型号的三脚架和基座，基座上插入照准用的觇标。导线点 2 测角完毕后，将经纬仪照准部和 3 点上的觇标自基座上取出并互相对调，将 1 点的三脚架连同觇标搬迁到 4 点，然后在 3 点上又进行角度观测……，这样依次向前，直至测完全部转折角为止。

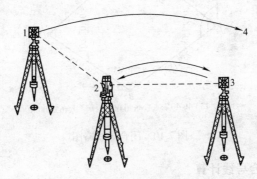

图 7-9　三联脚架法测角示意图

（3）定向　为了控制导线的方向，在导线起、止的已知控制点上，必须测定连接角，该项工作称为导线定向，或称导线连接测量。定向的目的是为了确定每条导线边的方位角。

导线的定向一般有两种情况，一种是布设独立导线，只要用罗盘仪测定起始边的方位角，整个导线的每条边的方位角就可确定；另一种情况是布设成与高一级控制点相连接的导线，先要测出连接角，再根据高一级控制点的方位角，推算出各边的方位角。连接角要精确测定。

7.2.3　导线测量的内业工作

导线测量外业结束后，就要进行导线内业计算，其目的就是根据已知的起始数据和外业观测成果，通过误差调整，计算出各导线点的平面坐标。

计算之前，首先要对外业观测成果进行全面检查和整理，观测数据有无遗漏，记录计算是否正确，成果是否符合限差要求；然后绘制导线略图，并把各项数据标注在略图上，如图 7-10 所示。

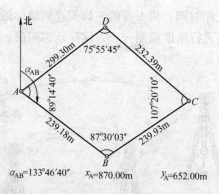

图 7-10　闭合导线略图

1. 闭合导线计算

闭合导线是由折线组成的多边形，必须满足多边形内角和条件及坐标条件，即从起算点开始，逐点推算各待定导线点的坐标，最后推回到起算点，由于是同一个点，故推算出的坐标应该等于该点的已知坐标。

将以图 7-10 所示的图根闭合导线为例，介绍闭合导线计算步骤，可参见表 7-6。

（1）在表中填入已知数据　将导线略图中的点号、观测角、边长、起始点坐标、起始边方位角填入表 7-6 中。

（2）计算、调整角度闭合差　由平面几何知识可知，n 边形闭合导线的内角和的理论值应为

$$\sum \beta_{理} = (n-2) \times 180°$$

在实际观测中，由于误差的存在，使实测的内角和 $\sum \beta_{测}$ 不等于理论值 $\sum \beta_{理}$，两者之差称为闭合导线的角度闭合差 f_{β}。即

$$f_{\beta} = \sum \beta_{测} - \sum \beta_{理} = \sum \beta_{测} - (n-2) \times 180°$$

如图 7-10 所示的闭合导线，其角度闭合差 $f_{\beta} = 360°00'38'' - 360°00'00'' = +38''$。根据图根导线测量的限差要求，其闭合差的容许值为

表 7-6 闭合导线坐标计算表

点号	观测角/(°′″)	改正数/″	改正后角值/(°′″)	坐标方位角/(°′″)	边长/m	坐标增量计算值/m		改正后坐标增量/m		坐标/m		点号
						Δx′	Δy′	Δx	Δy	x	y	
1	2	3	4	5	6	7	8	9	10	11	12	13
A				<u>133 46 40</u>	239.18	+0.06 -165.48	+0.02 +172.69	-165.42	+172.71	<u>870.00</u>	<u>652.00</u>	A
B	87 30 03	-9	87 29 54	41 16 34	239.73	+0.07 +180.17	+0.02 +158.18	+180.24	+158.20	704.58	824.71	B
C	107 20 10	-10	107 20 00	328 36 34	232.39	+0.06 +198.38	+0.02 -121.04	+198.44	-121.02	884.82	982.91	C
D	75 55 45	-10	75 55 35	224 32 09	299.30	+0.08 -213.34	+0.03 -209.92	-213.26	-209.89	1083.26	861.89	D
A	89 14 40	-9	89 14 31	<u>133 46 40</u>						<u>870.00</u>	<u>652.00</u>	A
B												B
Σ	360 00 38	-38	360 00 00		1010.60	-0.27	-0.09	0	0			

辅助计算

$f_\beta = +38''$ $f_{\beta容} = \pm 60''\sqrt{4} = \pm 120''$

$f_\beta \leqslant f_{\beta容}$

$f_x = -0.27(\text{m})$

$f_y = -0.09(\text{m})$

$f_D = \sqrt{f_x^2 + f_y^2} = 0.28(\text{m})$

$K = \dfrac{f_D}{\sum D} = \dfrac{0.28}{1010.60} \approx \dfrac{1}{3600}$

$$f_{\beta容} = \pm 60\sqrt{n}$$

式中 $f_{\beta容}$ ——容许角度闭合差（"）；

　　n ——闭合导线的内角个数。

若 $f_\beta > f_{\beta容}$ ，则说明角度闭合差超限，应返工重测；若 $f_\beta < f_{\beta容}$ ，则说明所测角度满足精度要求，可将角度闭合差进行调整。每个角度的改正数用 V_β 表示，则有

$$V_\beta = -\frac{f_\beta}{n}$$

角度闭合差的调整原则是：将 f_β 反符号平均分配到各观测角中，如果不能均分，则将余数分配给短边的夹角。调整后的内角和应等于理论值 $\sum \beta_{理}$ 。

（3）计算各边的坐标方位角。从图 7-11 中可以看出，推算方位角的路线方向为：北 $A \to AB \to BC \to CD \to A$ 北，根据起始边的已知坐标方位角及调整后的各内角值，按下式计算各边坐标方位角。

$$\alpha_{前} = \alpha_{后} + 180° \pm \beta$$

在计算时要注意以下几点：

1）上式中 $\pm\beta$ ：若 β 是左角，则取 $+\beta$ ；若是右角，则取 $-\beta$ 。

2）计算出来的 $\alpha_{前}$ ，若大于 $360°$ ，应减去 $360°$ ；若小于 $0°$ ，则加上 $360°$ ，即保证坐标方位角在 $0° \sim 360°$ 的取值范围内。

3）起始边的坐标方位角最后推算出来，其推算值应与已知值相等，否则推算过程有错。

（4）坐标增量闭合差的计算与调整　如图 7-11 所示，根据已推算出的坐标方位角和相应边的边长，按下式计算坐标增量，即

$$\left.\begin{array}{l} \Delta x'_i = D_i\cos\alpha_i \\ \Delta y'_i = D_i\sin\alpha_i \end{array}\right\}$$

根据闭合导线的定义，闭合导线纵、横坐标增量之和的理论值应

为零，即

$$
\left.\begin{array}{l}
\sum \Delta x_i = 0 \\
\sum \Delta y_i = 0
\end{array}\right\}
$$

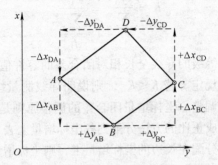

图 7-11　闭合导线理论闭合差

实际上，测量边长的误差和角度闭合差调整后的残余误差，使纵、横坐标增量的代数和不能等于零，则产生了纵、横坐标增量闭合差，即

$$
\left.\begin{array}{l}
f_x = \sum \Delta x'_{测} \\
f_y = \sum \Delta y'_{测}
\end{array}\right\}
$$

由于坐标增量闭合差的存在，使导线不能闭合，如图 7-12 所示，AA' 这段距离 f_D 称为导线全长闭合差。按几何关系得

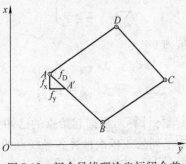

图 7-12　闭合导线理论坐标闭合差

$$f_D = \sqrt{f_x^2 + f_y^2}$$

顾及导线越长，误差累积越大，因此衡量导线的精度通常用导线全长相对闭合差来表示，即

$$K = \frac{f_D}{\sum_D} = \frac{1}{\dfrac{\sum_D}{f_D}}$$

对于不同等级的导线全长相对闭合差的容许值 $K_容$ 可查阅导线测量的相关规定。若 $K \leqslant K_容$，则说明导线测量结果满足精度要求，可进行调整。坐标增量闭合差的调整原则是：将 f_x、f_y 反符号按与边长成正比的方法分配到各坐标增量上去，将计算凑整残余的不符值分配在长边的坐标增量上，则坐标增量的改正数为

$$\left.\begin{array}{l} v_{\Delta x_i} = -\dfrac{f_x}{\sum D} D_{ij} \\[3mm] v_{\Delta y_i} = -\dfrac{f_y}{\sum D} D_{ij} \end{array}\right\}$$

式中 $v_{\Delta x_i}$ ——第 i 边的纵坐标增量（m）；

$\qquad v_{\Delta y_i}$ ——第 i 边的横坐标增量（m）；

$\qquad \sum D$ ——导线边长总和（m）。

为作计算校核，坐标增量改正数之和应满足下式，即

$$\left.\begin{array}{l} \sum v_{\Delta x} = -f_x \\[2mm] \sum v_{\Delta y} = -f_y \end{array}\right\}$$

改正后的坐标增量为

$$\left.\begin{array}{l} \Delta x_{ij} = \Delta x'_{ij测} + v_{\Delta x_{ij}} \\[2mm] \Delta y_{ij} = \Delta y'_{ij测} + v_{\Delta y_{ij}} \end{array}\right\}$$

（5）导线点坐标计算　根据起始点的已知坐标和改正后的坐标增量，即可按下列公式依次计算各导线点的坐标，即

$$x_{前} = x_{后} + \Delta x_{ij}$$
$$y_{前} = y_{后} + \Delta y_{ij}$$

用上式最后推算出起始点的坐标，推算值应与已知值相等，以此检核整个计算过程是否有错。

2. 附合导线计算

附合导线的坐标计算步骤与闭合导线相同。由于两者布置形式不同，从而使角度闭合差和坐标增量闭合差的计算方法也有所不同。

如图7-13所示，附合导线中 B、C 为已知控制点，AB、CD 为已知方向，B、C 之间布设一附合导线。图中观测角为左角。

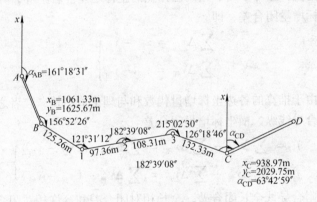

图7-13　附合导线简略图

（1）角度闭合差的计算　由于附合导线两端方向已知，则由起始边的坐标方位角和测定的导线各转折角，就可推算出导线终边的坐标方位角。但测角带有误差，致使导线终边坐标方位角的推算值 $\alpha'_{终}$ 不等于已知终边坐标方位角 $\alpha_{终}$，其差值即为附合导线的角度闭合差 f_{β}，即

$$f_{\beta} = \alpha'_{终} - \alpha_{终} = \alpha'_{始} + \sum \beta_{测} - n \times 180° - \alpha_{终}$$

式中 $\alpha'_{始}$——附合导线的起算边方位角（°）；

$\alpha_{终}$——附合导线的终边方位角（°）；

f_β——方位角闭合差（″）；

n——附合导线的折角个数。

如图 7-13 的附合导线，已知起算边 AB 的方位角 α_{AB} = 161°18′31″，终边 CD 的方位角 α_{CD} = 63°42′59″，五个观测角的总和 $\sum \beta$ = 802°24′02″，则

$$f_\beta = 161°18′31″ + 802°24′02″ - 5 \times 180° - 63°42′59″ = -26″$$

附合导线方位角闭合差容许值的计算和调整与闭合导线相同。

（2）坐标增量闭合差计算　附合导线各边坐标增量代数和的理论值，应等于终、始两已知点的坐标之差。若不等，其差值为坐标增量闭合差，即

$$\left.\begin{array}{l} \sum \Delta x_{理} = x_{终} - x_{始} \\ \sum \Delta y_{理} = y_{终} - y_{始} \end{array}\right\}$$

由于推算的各边坐标增量代数和与理论值不符，二者之差即为附合导线纵、横坐标增量闭合差。

$$\left.\begin{array}{l} f_x = \sum \Delta x_{测} - \sum \Delta x_{理} = \sum \Delta x_{测} - (x_{终} - x_{始}) \\ f_y = \sum \Delta y_{测} - \sum \Delta y_{理} = \sum \Delta y_{测} - (y_{终} - y_{始}) \end{array}\right\}$$

附合导线全长闭合差、全长相对闭合差和容许相对闭合差的计算，以及坐标增量闭合差的调整，与闭合导线相同。附合导线的计算过程可参见表 7-7。

3. 支导线计算

由于电磁波测距仪和全站仪的发展和普及，测距和测角精度大大提高，在测区内已有控制点的数量不能满足测图或施工放样的需要时，可用支导线的方法代替交会法来加密控制点。

由于支导线既不回到原起始点上，又不附合到另一个已知点上，故支导线没有检核限制条件，也就不需要计算角度闭合差和坐标增量闭合差，只要根据已知边的坐标方位角和已知点的坐标，由外业测定的转折角和转折边长，直接计算出各边方位角及

表 7-7 附合导线坐标计算表

点号	观测角/(° ′ ″)	改正数/″	改正后角值/(° ′ ″)	坐标方位角/(° ′ ″)	边长/m	坐标增量计算值/m Δx′	坐标增量计算值/m Δy′	改正后坐标增量/m Δx	改正后坐标增量/m Δy	坐标/m x	坐标/m y	点号
1	2	3	4	5	6	7	8	9	10	11	12	13
A				161 18 31								A
B	156 52 26	+5	156 52 31	138 11 02	125.26	+0.02 -93.35	-0.02 +83.52	-93.33	+83.50	1061.33	1625.67	B
1	121 31 12	+5	121 31 17	79 42 19	97.36	+0.02 +17.40	-0.01 +95.79	+17.42	+95.78	968.00	1709.17	1
2	182 39 08	+6	182 39 14	82 21 33	108.31	+0.02 +14.40	-0.01 +107.35	+14.42	+107.34	985.42	1804.95	2
3	215 02 30	+5	215 02 35	117 24 08	132.33	+0.03 -60.90	-0.02 +117.48	-60.87	+117.46	999.84	1912.29	3
C	126 18 46	+5	126 18 51	63 42 59						938.97	2029.75	C
D												D
Σ	802 24 02	+26	802 24 28		463.26	-122.45	+404.14	-122.36	+404.08			

$$\alpha'_{CD} = \alpha_{AB} + n \times 180° + \sum \beta$$

$$f_\beta = \alpha'_{CD} - \alpha_{CD} = -26''$$

$$f_{\beta容} = \pm 60\sqrt{n} = \pm 134''$$

$$\sum \beta = 63°42'33''$$

$$f_x = \sum \Delta x' - (x_C - x_B) = -0.09 \text{m}$$

$$f_y = \sum \Delta y' - (y_C - y_B) = +0.06 \text{m}$$

$$f_D = \sqrt{f_x^2 - f_y^2} = 0.10 \text{m}$$

$$K = \frac{f_D}{\sum D} = \frac{0.10}{463.26} \approx \frac{1}{4600}$$

各边坐标增量，最后推算出待定导线点的坐标。

如图 7-14 所示为一支导线，所有的起算数据都已标在图中，其计算过程见表 7-8。

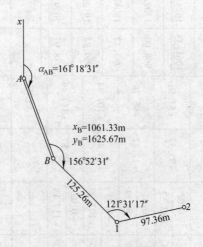

图 7-14 支导线简略图

表 7-8 支导线计算表

点号	观测角 /(° ′ ″)	坐标方位角 /(° ′ ″)	边长/m	坐标增量/m		坐标/m		点号
				Δx	Δy	x	y	
1	2	3	4	5	6	7	8	9
A		161 18 31						A
B	156 52 31	138 11 02	125.26	−93.35	+83.52	1061.33	1625.67	B
1	121 31 17	79 42 19	97.36	+17.40	+95.79	967.98	1709.19	1
2						985.38	1804.98	2

7.3 交会定点测量

在进行平面控制测量时，如果导线点的密度不能满足测图和工程的要求，则需要进行控制点的加密。控制点的加密，可以采用导线测量，也可以采用交会定点法。

如图 7-15 所示，根据测角、测边的不同，交会定点可分为测角前方交会（如图 7-15a 所示），测角侧方交会（如图 7-15b 所示），测角后方交会（如图 7-15c 所示），测边交会（如图 7-15d 所示）等几种方法。在选用交会法时，必须注意交会角不应小于 30°或大于 150°，交会角是指待定点至两相邻已知点方向的夹角。

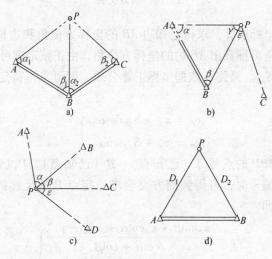

图 7-15　各种交会示意图

7.3.1　前方交会

前方交会即在已知控制点上设站观测水平角，根据已知点坐标和观测角值，计算待定点坐标的一种控制测量方法。如图 7-16 所示，在已知点 A（x_A，y_A），B（x_B，y_B）上安置经纬仪（或全站仪）分别向待定点 P 观测水平角，便可以计算出 P 点的坐标。为保证交会定点的精度，在选定 P 点时，应使交会角 γ 处于 30°～150°之间，最好接近 90°。

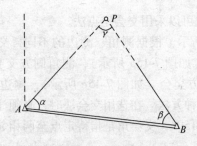

图 7-16　前方交会

通过坐标反算，求得已知边 AB 的坐标方位角和边长，然后根据观测角可推算出 AP 边的坐标方位角，由正弦定理可求出 AP 边的边长 S_{AP}。最终，依据坐标正算公式，即可求得待定点 P 的坐标，即

$$\left. \begin{array}{l} x_P = x_A + S_{AP}\cos\alpha_{AP} \\ y_P = y_A + S_{AP}\sin\alpha_{AP} \end{array} \right\}$$

当 $\triangle ABP$ 的点号 A（已知点）、B（已知点）、P（待定点）按逆时针编号时，可得到前方交会求选定点 P 的坐标的一处余切公式，即

$$\left. \begin{array}{l} x_P = \dfrac{x_A\cot\beta + x_B\cot\alpha + (y_B - y_A)}{\cot\alpha + \cot\beta} \\ y_P = \dfrac{y_A\cot\beta + y_B\cot\alpha - (x_B - x_A)}{\cot\alpha + \cot\beta} \end{array} \right\}$$

若 A，B，P 按顺时针编号，则相应的余切公式为

$$\left. \begin{array}{l} x_P = \dfrac{x_A\cot\beta + x_B\cot\alpha - (y_B - y_A)}{\cot\alpha + \cot\beta} \\ y_P = \dfrac{y_A\cot\beta + y_B\cot\alpha + (x_B - x_A)}{\cot\alpha + \cot\beta} \end{array} \right\}$$

在实际工作中，为了检核交会点的精度，通常从三个已知点 A，B，C 上分别向待定点 P 进行角度观测，分成两个三角形利用余切公式解算交会点 P 的坐标。若两组计算出的坐标的较差 e

在允许限差之内，则取两组坐标的平均值作为待定点 P 的最后坐标。对于图根控制测量，两组坐标较差的限差规定为不大于两倍测图比例尺精度，即

$$e = \sqrt{(x'_P - x''_P)^2 + (y'_P - y''_P)^2} \leqslant 0.2M(\text{mm})$$

式中，M 为测图比例尺分母。

7.3.2　后方交会

如图 7-17 所示为后方交会基本图形。A，B，C，D 为已知点，在待定点 P 上设站，分别观测已知点 A，B，C，观测出和，然后根据已知点的坐标计算出 P 点的坐标，这种方法称为测角后方交会，简称后方交会。

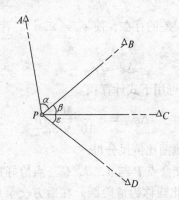

图 7-17　后方交会示意图

后方交会的计算方法有多种，现只介绍一种，即 P 点位于 A，B，C 三点组成的三角形之外时的简便计算方法，可用下列公式求得。

$$a = (x_A - x_B) + (y_A - y_B)\cot\alpha$$
$$b = (y_A - y_B) - (x_A - x_B)\cot\alpha$$
$$c = (x_C - x_B) - (y_C - y_B)\cot\beta$$
$$d = (y_C - y_B) + (x_C - x_B)\cot\beta$$

$$k = \tan\alpha_{BP} = \frac{c - a}{b - d}$$

$$\Delta x_{BP} = \frac{a + bk}{1 + k^2}$$

$$\Delta y_{BP} = k\Delta x_{BP}$$

$$x_P = x_B + \Delta x_{BP}$$

$$y_P = y_B + \Delta y_{BP}$$

为了保证 P 点的坐标精度，后方交会还应该用第四个已知点进行检核。如图 7-17 所示，在 P 点观测 A，B，C 点的同时，还应观测 D 点，测定检核角 $\varepsilon_{测}$。在算得 P 点坐标后，可求出 α_{PB} 与 α_{PD}，由此得 $\varepsilon_{计} = \alpha_{PD} - \alpha_{PB}$。若角度观测和计算无误时，则应有 $\varepsilon_{测} = \varepsilon_{计}$。

但由于观测误差的存在，使 $\varepsilon_{计} \neq \varepsilon_{测}$，二者之差为检核角较差，即

$$\Delta\varepsilon = \varepsilon_{测} - \varepsilon_{计}$$

$\Delta\varepsilon$ 的容许值可用下式计算：

$$\Delta\varepsilon_{容} = \pm \frac{M}{10^4 \times S_{PB}}\rho$$

式中，M 为测图比例尺分母。

如果选定的交会点 P 与 A，B，C 三点恰好在同一圆周上时，则 P 点无定解，此圆称为危险圆。在后方交会中，要避免 P 点处在危险圆上或危险圆附近，一般要求 P 点至危险圆距离应大于该圆半径的 1/5。

7.3.3　测边交会

测边交会又称三边交会，是一种测量边长交会定点的控制方法。如图 7-18 所示，A，B，C 三个已知点，P 为待定点，A，B，C 按逆时针排列，a，b，c 为边长观测数据。

依据已知点按坐标反算方法，反求已知边的坐标方位角和边长为 α_{AB}，α_{CB} 和 S_{AB}，S_{CB} 在 $\triangle ABP$ 中，由余弦定理得：$\cos A =$

$\dfrac{S_{AB}^2 + a^2 - b^2}{2aS_{AB}}$，顾及 $\alpha_{AP} = \alpha_{AB} - A$，则

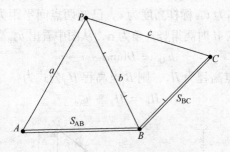

图 7-18 平面测边交会

$$\left.\begin{array}{l} x'_P = x_A + a\cos\alpha_{AP} \\ y'_P = y_A + a\sin\alpha_{AP} \end{array}\right\}$$

同理，在 $\triangle BCP$ 中，有：$\cos C = \dfrac{S_{CB}^2 + C^2 - b^2}{2cS_{CB}}$，顾及 $\alpha_{CP} = \alpha_{CB} - C$，则

$$\left.\begin{array}{l} x''_P = x_C + c\cos\alpha_{CP} \\ y''_P = y_C + c\sin\alpha_{CP} \end{array}\right\}$$

根据此两式计算出待定点的两组坐标，并计算其较差，若较差在允许限差之内，则可取两组坐标值的算术平均值作为待定点 P 的最终坐标。

7.4 三角高程测量

7.4.1 三角高程测量的原理

三角高程测量原理是根据两点间的水平距离及竖直角，应用三角学公式计算两点间的高差。三角高程测量主要用于测定图根控制点之间的高差，尤其在测区进行三角高程测量的先决条件为

两点间水平距离已知，或用光电测距仪测定距离。如图 7-19 所示，欲测定 A、B 两点间的高差，安置经纬仪于 A 点，在 B 点竖立标杆。设仪器高为 i，标杆高度为 v，已知两点间平距为 D，望远镜瞄准标杆顶点 M 时测得竖直角为 α，从图中看出 h_{AB} 高差公式为

$$h_{AB} = D\tan\alpha + i - v$$

已知 A 点高程为 H_A，则 B 点高程 H_B 公式为

$$H_B = H_A + h_{AB}$$

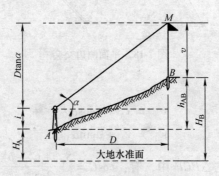

图 7-19　三角高程测量原理

上述三角高程公式推导是假设大地水准面为平面，事实上，大地水准面是曲面，因此，还应考虑地球曲率对高差的影响。当距离较大时，地球曲率的影响不可忽视，从图 7-20 中看出高差值应增加 c，c 称为球差改正。另外，由于大气折光的影响，测站望远镜观测目标顶点 M 的视线是一条向上凸的弧线，使 α 角测大了，从图中看出高差值中应减少 γ，γ 称为气差改正。

从图 7-20 中看出：

$$h_{AB} = NP + PQ - NB$$

上式中：$NP = D\tan\alpha$，$PQ = i + c$，$NB = v + \gamma$，代入后得

$$h_{AB} = D\tan\alpha + i + c - (v + \gamma)$$

即

$$h_{AB} = D\tan\alpha + i - v + (c - \gamma)$$

上式为三角高程测量计算公式，式中 $(c - \gamma)$ 即为球差与

气差两项改正。

球差改正 c 为:

$$c = \frac{D^2}{2R}$$

式中　R——地球曲率半径;

　　　D——两点间水平距离。

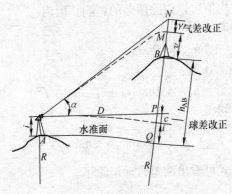

图 7-20　三角高程测量原理（长距离）

大气垂直折光影响使视线变弯曲,其曲率半径 R' 为变量,设 $K = \dfrac{R}{R'}$,称为大气垂直折光系数,它受地区高程、气温、气压、季节、日照、地面覆盖地物和视线超过地面的高度等诸多因素的影响。通常认为 $R' = 7R$,将其代入折光系数公式得

$$K = \frac{R}{R'} = \frac{R}{7R} = 0.14$$

仿照式 $c = \dfrac{D^2}{2R}$ 可写出气差改正的公式:

$$\gamma = \frac{D^2}{2R'} = \frac{D^2}{2 \times 7R} = 0.14 \frac{D^2}{2R}$$

从式 $h_{AB} = D\tan\alpha + i - v + (c - \gamma)$ 看出:球差改正 c 恒为正,气差改正 γ 恒为负。球差改正与气差改正合在一起称为两差改正 f,即

$$f = c - \gamma = \frac{D^2}{2R} - 0.14\frac{D^2}{2R} = 0.43\frac{D^2}{R}$$

因此，三角高程测量计算式可写为

$$h_{AB} = D\tan\alpha + i_A - v_B + f$$

可以看出，当 D 越长，两差改正越大，当 $D = 1\text{km}$ 时，$f = 6.7\text{cm}$。因此，三角高程测量一般采用往返观测，又称对向观测，取往返平均值可以消除两差的影响。因为：

由 A 站观测 B 点：

$$h_{AB} = D\tan\alpha_A + i_A - v_B + f$$

由 B 站观测 A 点：

$$h_{BA} = D\tan\alpha_B + i_B - v_A + f$$

往返取平均得

$$h = \frac{1}{2}(h_{AB} - h_{BA}) = \frac{1}{2}(D\tan\alpha_A - D\tan\alpha_B) + \frac{i_A - i_B}{2} + \frac{v_A - v_B}{2}$$

从上面公式可看出两差自动消除了。

7.4.2 三角高程测量观测与计算

1. 三角高程测量观测

在测站上安置经纬仪（或全站仪），量取仪器高 i，在目标点上量实标高，或安置棱镜，量棱镜高 v，仪器高 i 与目标高 v，用卷尺量，取至厘米。

用正倒镜中丝观测法或三丝观测法（上、中、下三丝依次瞄准目标）观测竖直角。注意正倒镜瞄准目标时，目标成像应位于纵丝左、右附近的对称位置。竖直角观测测回数与限差按表 7-9 规定。

表 7-9　竖直角观测测回数与限差

项目	四等、一、二、三级导线		图根导线
	DJ2	DJ6	DJ6
测回数	1	2	1
各测回竖直角互差	15″	25″	25″
各测回指标差互差	15″	25″	25″

2. 三角高程测量的计算

三角高程测量往测、返测根据前文介绍计算。往返高差较差的容许值 $\Delta h_容$，对于四等光电测距三角高程测量规定为

$$\Delta h_容 \leqslant \pm 40 \sqrt{D} (\text{mm})$$

式中　D——两点间的水平距离（km）。

图根三角高程测量对向观测两次高差的较差，城市测量规范规定应小于或等于 $0.4D$（m），D 为边长，以 km 为单位。

如图 7-21 所示的三角高程测量控制网略图，在 A，B，C，D 四点间进行了三角高程测量，构成了闭合线路。已知 A 点的高程为 450.56m，已知数据及观测数据注于图 7-21 上。计算列于表 7-10 和表 7-11 中。

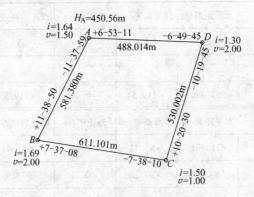

图 7-21　三角高程测量控制网略图

表 7-10　电磁波三角高程测量高差计算

起算点	A		B		…
待求点	B		C		…
往返测	往	返	往	返	…
观测高差 h'	−119.69	+119.84	81.743	−81.93	…
仪器高 i	1.64	1.69	1.69	1.50	…

（续）

起算点	A		B		...
待求点	B		C		...
往返测	往	返	往	返	...
棱镜高 v	1.50	2.00	2.00	1.00	...
两差改正 f	0.02	0.02	0.02	0.02	...
单向高差	-119.53	+119.55	81.43	-81.41	...
平均高差	-119.54		+81.42		...

表 7-11 三角高程测量高差调整及高程计算

点号	水平距离/m	计算高差/m	改正值/m	改正后高差/m	高程/m
1	2	3	4	5	6
A					450.56
B	581.380	-119.54	-0.01	-119.55	331.01

点号	水平距离/m	计算高差/m	改正值/m	改正后高差/m	高程/m
C	611.101	+81.42	-0.01	+81.41	412.42
D	530.002	+97.26	-0.01	97.25	509.67
A	488.014	-59.11	0.00	-59.11	450.56
Σ	2210.497	+0.09	-0.05	0	
高差闭合差及容许闭合差	$f_h = +0.03\mathrm{m}$ $f_{h容} = \pm 25\sqrt{2.21} = \pm 0.037\mathrm{m}$				

由对向观测所求得高差平均值，计算闭合或附合线路的高差闭合差 $f_容$ 的容许值，对于四等光电测距三角高程测量来说同四等水准测量的要求，在山区为

$$f_{h容} = \pm 25 \sqrt{\sum D_i}(\mathrm{mm})$$

式中，D_i 为相邻两点之间的边长。

实训：了解并掌握小区域控制网测量的基本方法

1. 何谓前方交会、后方交会，采用什么方法检核其交会成果？

2. 在什么情况下采用三角高程测量？如何观测、记录和计算？

第8章 大比例尺地形图测绘及应用

地形图测绘是将地球表面的地物和地貌，按一定的比例尺和规定的因式符号，用正射投影方法测绘在图纸上。这种表示地面点的平面位置和高程的图称为地形图；若仅表示出地物的平面位置，不表示地形的起伏状态时，这种图称为平面图。一般来说，按一定的投影方法和比例尺在平面图纸上表示地球表面空间位置和自然属性的图，统称为地图。按地图所描述的与地球表面空间位置有关的自然属性不同，地图又分为普通地图和专题地图（例如地质图，森林分布图等）。地形图和平面图都属于普通地图的范畴。

地形图在经济建设、国防建设和科学研究中有着广泛应用。在城市和工程建设规划、设计和施工的各个阶段要用到各种比例尺的地形图。本章将讲述地形图的基本知识，大比例尺地形图的测绘，地形图的拼接、检查与整理以及地形图的应用等。

8.1 地形图介绍

8.1.1 地形图的基本知识

1. 地形图比例尺的种类

地形图比例尺是指地形图上某一线段的长度与地面上相应线段的水平距离之比。地形图比例尺可分为数字比例尺和图示比例尺。

通常把 1:500、1:1000、1:2000 和 1:5000 比例尺地形图称为大比例尺地形图。1:10000、1:25000、1:50000、1:100000 的

图称为中比例尺地形图。1∶20 万、1∶50 万、1∶100万的图称为小比例尺地形图。在工程建设中常用到的是大比例尺地形图。

（1）数字比例尺 数字比例尺用分母为整数，分子为 1 的分数表示。设图上任意两点间距离为 d，地面上相应的水平距离为 D。则该图比例尺为

$$d/D = 1/M$$

式中，M 为比例尺分母，式中分数值越大 M 值越小，则比例尺就越大。

（2）图示比例尺 为了减少由于图纸伸缩变形引起的误差，也为了用图方便，通常在地形图上绘制出一直线线段，并用数字注记该线段上一定长度所代表的地面上相应的水平距离。如图 8-1 所示为 1∶2000 图示比例尺；它取图上 2cm 线段长度为基本单位，每个基本单位分为 10 小格，每小格的长度代表地面上 4m 的水平距离，每基本单位代表地面上 40m 的水平距离。

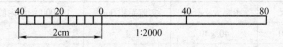

图 8-1 图示比例尺

2. 比例尺精度

人的肉眼在图上能分辨出的最小距离为 0.1mm。因此，绘图或者实地测绘时，最多只能达到图上 0.1mm 的精度。我们把图样上 0.1mm 长度所代表的实际水平距离称为比例尺精度。显然，比例尺大小不同，其比例尺精度数值也不同。地形图比例尺精度对测图和工程用图有着重要的意义。例如，要测绘 1∶5000 的地形图，其比例尺精度为 0.5m，实际测图时，距离精度只要达到 0.5m 就足够了。因为若测得再精细，图上也是表示不出来的。又如，工程设计中，为了能反映地面上 0.1m 的精度，所选地形图的比例尺就不能小于 1∶1000。

如表 8-1 所示，比例尺精度越高，其表示的地形地貌就越详细，精度也越高，但其测绘工作量因此会成倍地增加。所以，采

用何种比例尺，应根据实际的工程需要而定。

表 8-1　地形图比例尺精度

比例尺	1:500	1:1000	1:2000	1:5000	1:10000
比例尺精度/m	0.05	0.1	0.2	0.5	1.0

3. 大比例尺地形图的分幅与编号

为了便于管理和使用地形图，需要将各种比例尺的地形图进行统一的分幅和编号。城市或工程建设中大比例尺地形图分幅方法基本上是按直角坐标格网划分的矩形分幅。有时某些特殊工程也采用独立地区图幅分幅。

（1）矩形分幅　一幅 1:5000 地形图图幅大小为 40cm × 40cm，表示实地面积 4km²。1:2000、1:1000 和 1:500 地形图图幅大小为 50cm×50cm，其表示的实地面积、图幅数见表 8-2。

表 8-2　矩形分幅表

比例尺	图幅大小/cm	实地面积/km²	1:5000 图幅内的分幅数
1:5000	40×40	4	1
1:2000	50×50	1	4
1:1000	50×50	0.25	16
1:500	50×50	0.0625	64

大比例尺地形图按直角坐标格网划分的矩形图幅，以 1:5000 地形图为基础，取其图幅西南角的坐标（以 km 为单位）作为 1:5000 比例尺地形图的图幅编号。图 8-2 所示的 1:5000 地形图的编号为 40—20。

由表 8-2 可知，将 1:5000 地形图作四等分，得到四幅 1:2000 比例尺的地形图，在 1:5000 地形图图号之后加上 1:2000 地形图相应的代号Ⅰ、Ⅱ、Ⅲ、Ⅳ，作为 1:2000 地形图的编号。例如 40—20—Ⅱ。每幅 1:2000 地形图又可分为四幅 1:1000 地形图；一幅 1:1000 地形图再分成四幅 1:500 地形图，其附加的各自代号均取罗马字Ⅰ、Ⅱ、Ⅲ、Ⅳ。图 8-2 的矩形分幅编号图中，画斜线的 1∶1000 地形图图号为 40—20—Ⅳ—Ⅲ，而画格线的 1∶500 地形图图号为 40—20—Ⅳ—Ⅱ—Ⅲ。

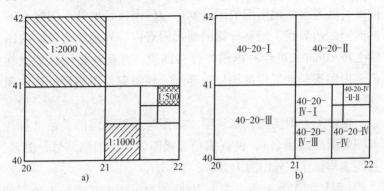

图 8-2 大比例尺地形图的分幅与编号

（2）独立地区图幅编号 由于工程本身的需要，或者由于某些大型工程与国家测量控制网没有联系，若采用矩形分幅，按全国进行统一图幅编号会给工程带来一些不便。因此，此时可以考虑采用其他特殊的图幅编号方法。通常是以图幅西南角的纵横坐标值（以千米为单位）作为该测区的某一等级比例尺图的图幅编号。如图 8-3 中为某独立地区 1∶1000 地形图的分幅和编号。

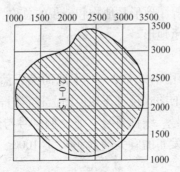

图 8-3 独立地区图幅编号

（3）图名和图廓　图名即本幅图的名称。通常用本幅图内重要地名、村庄、厂矿企业或凸出的地物来命名。例如，中国南极长城考察站地形图的图名就是中国南极长城站。图廓是图幅四周的边界线。矩形分幅的地形图有内、外图廓之分。内图廓上按 10cm 长度绘有纵横坐标格网线，并标注格网线的坐标值。内图廓是地形图的图幅边界线。外图廓是图幅最外边的粗实线。

地形图上用接图表来注明本幅图与相邻幅图的关系（标注其四邻图号或图名），供查找相邻幅图使用。图幅编号、图名、接图表均标注在外图廓上方。

【例】如图 8-4 所示为 1:2000 的地形图，其图号为独立地区图幅编号（取图幅西南角的坐标值），为 10.0—21.0。在图廓的左上方，画有该幅图四邻各图幅编号（或图名）的接图表。在外图廓下面注记比例尺、坐标系统、高程系统、测图时间等。

8.1.2　地物符号和地貌符号

地面上天然或人工形成的物体称为地物，如湖泊、河流、房屋、道路等；地面高低起伏的形态称为地貌，如山头、盆地、山脊、山谷、鞍部等。地形是地物和地貌的总称。地形图上用地物和地貌符号来表示地形。

1. 地物符号

为了测图和用图的方便，对于地面上天然或人工形成的地物，按统一规定的图式符号在地形图上将它们表示出来。地物符号可分为比例符号、线性符号、非比例符号与注记符号。表 8-3 是国家测绘部门发布的有关《1:500、1:1000、1:2000 地形图图式》的部分内容。

塘岔	西保村	慈湖
北宋村		小庙村
鲁镇	李家村	孙家

赫都山森林公园
10.0-21.0

密级

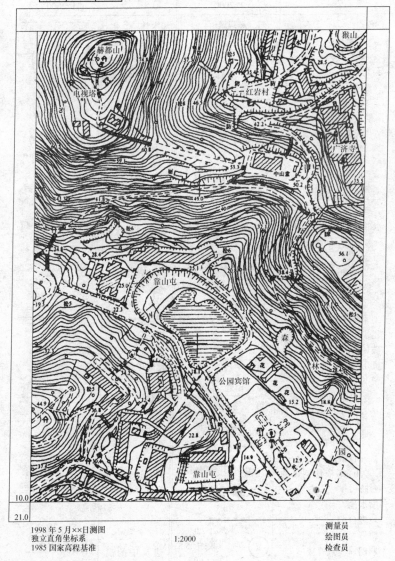

1998 年 5 月××日测图
独立直角坐标系
1985 国家高程基准

1:2000

测量员
绘图员
检查员

图 8-4　地形图

表 8-3　地形图图式

符号名称	1:500　1:1000 1:2000	符号名称	1:500　1:1000 1:2000
三角点 　凤凰山——点名 　394.468——高程	△ 凤凰山 3.0 $\overline{394.468}$	灌木林 a) 大面积的	a) 　1.0 　　0.5
导线点 　116——等级、点号 　84.46——高程	2.0□ $\dfrac{116}{84.46}$	b) 独立灌木丛 独立树 a) 阔叶 b) 针叶	b)　1.5 a) 3.0 　0.7 b) 3.0 　0.7
图根点 　a) 埋石的 　N16——点号 　84.46——高程 　b) 不埋石的 　25——点号 　62.74——高程	a) 1.5○ $\dfrac{N16}{84.46}$ 　　2.5 b) 1.5 ○ $\dfrac{25}{62.74}$	旱地	1.0 　2.0　10.0 　　10.0
水准点 　Ⅱ京石5——等 级、点号 　32.804——高程	2.0⊗ $\dfrac{Ⅱ京石5}{32.804}$	菜地	2.0　10. 　10.0
一般房屋 　砖——建筑材料 　3——房屋层数	1.5 砖3 ▨ 2	花圃	1.5 1.5　10.0
建筑中房屋 破坏房屋 棚房	建 破 45° 1.5 a) ∩ 2.5 　2.0 b) ∩	地类界、地物 范围线 公路 简易公路	1.5 0.25 0.15 0.3 沥　砾 0.15 0.15 碎石
窑洞 　地面上的 　　a) 住人的 　　b) 不住人的 　地面下的 　　a) 依比例尺的 　　b) 不依比例尺的	a) ⊓ b) ∩ 0.5 0.5 　2 1.0 ⊕ 4.0 2.0 ▱1.6 　不表示 　1.5	道路中桩点 路标 大车路 小路 内部道路	1.0 1.5 3.0 60° 1.0　2.0 0.15 8.0 0.15 4.0 1.0 0.3 1.5 0.5
台阶 喷水池 垃圾台 旗杆 彩门、牌坊、牌楼 水塔	4.0⌐⊓ 1.0 1.0 1.0 0.5 •◄─►• 1.0　2.0 ⊞ 1.0 3.5 1.0	建筑中的简 易公路	5.0 1.0 0.15 0.15

（续）

符号名称	1:500 1:1000 1:2000	符号名称	1:500 1:1000 1:2000
通信线及入地口	4.0 2.0 ———⟋——— 4.0	示坡线	0.8
高压			
低压	4.0 ———○———	高程点及其注记	0.5・163.2 ±75.4
电杆	1.0・○	斜坡	
地下检修井	⊖・2.0	a)未加固的	a) ⊢⊢⊢⊢⊢⊢⊢ 3.0
上水	⊕・2.0		
下水(或污水)	⊜・2.0	b)加固的	b) ⊢⊢⊢⊢⊢⊢⊢ 3.0
雨水	⊝・2.0	陡坎	
煤气、天然气	⊕・2.0	a)未加固的	a) ———— 1.5
热力		b)加固的	b) ⊢⊢⊢⊢⊢⊢ 3.0
消火栓	1.5 2.0・○・3.5	梯田坎	-56.4 1.2
阀门	1.5・▷・3.0	崩崖	a) b)
	2.0・I・3.5	a)沙、土崩崖	
水龙头		b)石质崩崖	
围墙			
砖、石及混凝土墙	10.0 ——————— 10.0 10.0 ——│——— 0.3 0.5 0.5	滑坡	
土墙	10.0 1.0 ——○——○——○—	陡崖	
栅栏、栏杆	1.5	a)土质的	a) b)
消失河段		b)石质的	
地下河段			
沟渠		冲沟	
一般的	——————→ 0.3 ⊏⊐⊏⊐⊏⊐ 3.0 1.0 0.3	3.5—— 深度注记	3.5
干沟	1.0 3.0		
等高线及其注记	a) ⌒⌒⌒ 0.15		
a)首曲线	b) ⌒25⌒ 0.3		
b)计曲线	1.0 6.0		
c)间曲线	c) ⌒‒‒‒⌒ 0.15		

（1）比例符号　可按测图比例尺用规定的符号在地形图上绘出的地物符号称为比例符号，如地面上的房屋、桥梁、旱田等地物。

（2）线性符号　某些线状延伸的地物，如铁路、公路、通信线、围墙、篱笆等，其长度可按比例尺绘小，但其宽度不能按比例尺表示的这类地物符号称为线性符号，也称为半比例符号。

（3）非比例符号　某些地物，如独立树、界碑、水井、电线杆、水准点等，无法按比例尺在图上绘出其形状。这种只能用其中心位置和特定的符号表示的地物符号称为非比例符号。非比例符号不仅其形状和大小不按比例尺绘出，而且符号的中心位置（定位点）与该地物实地中心位置的关系也随地物的不同而异，在测图和用图时应加以注意。

（4）注记符号　图上用文字和数字所加的注记和说明称为注记符号。如房屋的结构和层数、厂名、校名、路名、等高线高程以及用箭头表示的水流方向等。绘图的比例尺不同，则符号的大小和详略程度也有所不同。

2. 地貌符号

（1）等高线　等高线是地面上高程相同的相邻点连成的闭合曲线。设想一座湖中小岛，湖水表面静止时，其与小岛的交线是一条高程相同的闭合曲线。如图 8-5 所示，开始时湖水水面高程为 95m，则湖水面与小岛的交线即为 95m 的等高线；湖水水位下降 5m 后，得到 90m 交线的等高线；然后水位继续下降 5m，得到 85m 交线的等高线；这样，水位每下降 5m，就得到一条湖面与小岛相交的等高线。从而得到一组高差为 5m 的等高线。把这一组实地上的等高线沿铅垂线方向投影到水平面上，并按规定的比例尺缩小画在图纸上，就得到用等高线表示该小岛地貌的等高线图。

显然，地面的高低起伏状态决定了图上的等高线形态。因此，可以从地形图的等高线形态判断实地的地貌形态。

（2）等高距和等高线平距　把两条相邻等高线间的高差称为等高距（或基本等高距），用 A 表示。两条相邻等高线间的水平距离称为等高线平距，用 J 表示。在同一幅地形图上等高距是相同的。等高线平距则随地面坡度的变化而改变。坡陡则等高线

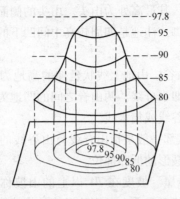

图 8-5　等高线示意图

密，等高线平距就越小；坡缓则等高线疏，等高线平距就越大。

如表 8-4 所示，地形图上等高距是按测图比例尺和测区的地形类别选择，图上按基本等高距绘制的等高线称为首曲线。每隔四条首曲线加粗的一条等高线称为计曲线，在计曲线上注记高程。对于坡度较缓的地方，基本等高线不足以表示出其局部地貌特征时，按二分之一基本等高距绘制的等高线称为间曲线。按四分之一基本等高距绘制的等高线称为助曲线。间曲线是用虚线在图上绘出。

表 8-4　基本等高距

比例尺	地形类别		
	平地	丘陵	山区
1:500	0.5m	0.5m	0.5~1.0m
1:1000	0.5m	0.5~1.0m	1.0m
1:2000	0.5~1.0m	1.0m	2.0m

（3）典型地貌及其等高线　尽管地球表面的高低起伏变化复杂，但不外乎由山头、盆地、山脊、山谷、鞍部等几种典型地貌组成。

1）山头与洼地（盆地）。典型地貌中地表隆起并高于四周的高地称为山地，其最高处为山头。山头的侧面为山坡，山地与平地相连处为山脚。洼地是四周较高中间凹下的低地，较大的洼地称为盆地。

2）山脊与山谷。山地上线状延伸的高地为山脊，山脊的棱线称为山脊线，即水分线。两山脊之间的凹地为山谷，山谷最低点的连线称为山谷线或集水线。

3）鞍部。鞍部一般是指山脊线与山谷线的交会之处，是在两山峰之间呈马鞍形的低凹部位。

4）陡崖与悬崖。坡度在 70°以上的山坡称为陡崖，陡崖处等高线非常密集甚至重叠，可用陡崖符号代替等高线。下部凹进的陡崖称为悬崖，悬崖的等高线投影到地形图上会出现相交情况。典型地貌及其等高线如图 8-6 及图 8-7 所示。

（4）等高线的特性

1）同一条等高线上各点的高程都相同。

2）等高线应是闭合曲线，若不在本图幅内闭合，则在相邻的图内闭合。只有在遇到用符号表示的陡崖和悬崖时，等高线才能断开。

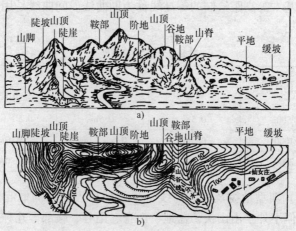

图 8-6　典型地貌及其等高线

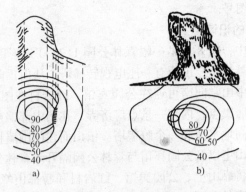

图 8-7　陡崖与悬崖

3）除了悬崖和陡崖处外，不同高程的等高线不能相交或重合。

4）山脊线和山谷线与等高线正交。

5）同一幅地形图上等高距相同。等高线平距越小，等高线越密，则地面坡度越陡；等高线平距越大，等高线越疏，则地面坡度越缓。

8.1.3　地形图的识读

1. 熟悉图式符号

在地形图识读前，首先要熟悉一些常用的地物符号的表示方法，区分比例符号、半比例行号和非比例符号的不同，以及这些地物符号和地物注记的含义。对于地貌符号要能根据等高线判断出各类地貌特征（例如山头、山脊、山谷、鞍部、冲沟等），了解地形坡度变化。

2. 图廓外信息的识读

地形图反映的是测图时的地表现状，因此，应首先根据测图的时间判定地形图的新旧程度，对于不能完全反映最新现状的地形图应及时修测或补测，以免影响用图。然后要了解地形图的比例尺、坐标系统、高程系统、图幅范围。根据接图表了解相邻图幅的图名、图号。

3. 地物的识读

在前文中，图 8-4 是一幅森林公园 1：2000 地形图。在图幅的西北角是赫都山，山顶有一座电视转播塔。从山顶向东南有一条石阶路经中山堂向南可通往公园宾馆。红岩村在图的东北角，是一较大约居民点，内有一景点广济寺。在图中部偏东位置有一森林公园的高地水池和一个瞭望塔。依山而建的围墙将图上最大的居民点靠山屯以及公园宾馆与森林公园隔开。森林公园内一低压电力线路将靠山屯、公园宾馆、红岩村和赫都山峰连接起来，保证了整个森林公园地区的照明用电。此外，森林公园内还有鹿园、猴山、花房、松林等旅游景点。

4. 地貌的识读

根据图 8-4 中等高线的注记可以看出，该幅图的基本等高距为 1m。整个森林公园为北高南低、西高东低的走势。其中部偏东南沿公园宾馆一带山谷地势最低，公园宾馆高程约为 12.9m。图幅西北的赫都山峰最高，其最高点高程为 84.7m。图幅内的高差最大不超过 72m。在图幅北部，山地的形态比较明显，山势由西向东逐渐降低，中部偏西有一鞍部。根据山脊线和山谷线的位置、走向以及等高线的疏密可以看出整个山地地貌的起伏变化。

8.2 地形图的应用

8.2.1 地形图的基本应用

1. 求地形图上某点的坐标

利用地形图进行规划设计，首先要知道设计点的平面位置，通常是根据图廓坐标和点的图上位置，内插出设计点的平面直角坐标。

如图 8-8 所示，欲确定图上 p 点坐标，首先绘出坐标方格 $abcd$，过 p 点分别做 x、y 轴的平行线与方格 $abcd$ 分别交于 m、

n、f、g，根据图廓内方格网坐标可知：

$$X_d = 21200m$$
$$Y_d = 40200m$$

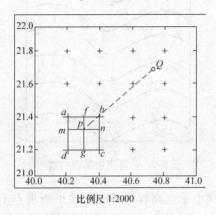

比例尺 1:2000

图 8-8   求地形图上某点的坐标

再按地形图比例尺（1:2000）量得 dm、dg 实际水平长度：

$$D_{dm} = 120.2m$$
$$D_{dg} = 100.3m$$

则：

$$x_p = x_d + D_{dm} = 21200 + 120.2 = 21320.2m$$
$$y_p = y_d + D_{dg} = 40200 + 100.3 = 40300.3m$$

考虑到图纸伸缩变形的影响，量取的方格边长 da 往往不等于理论长度 l（10cm）。为了提高量测精度，还应量取 ma 和 gc 的长度。若量取的边长 da 不等于理论长度 l 时，为了使求得的坐标值精确，可采用下式计算：

$$x_p = x_d + (l/da)dmM$$
$$y_p = y_d + (l/dc)dgM \tag{8-1}$$

式中，M 为地形图比例尺的分母。

2. 求图中某点的高程

对于地形图上某点的高程，可以根据等高线从高程注记确定。如该点正好在等高线上，可以直接从图上读出其高程。

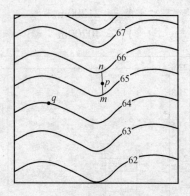

图 8-9　计算图中某点的高程

例如图 8-9 中 q 点高程为 64m。如果所求点不在等高线上，根据相邻等高线间的等高线平距与其高差成正比例原则，按等高线勾绘的内插方法求得该点的高程。如图 8-9 所示，过 p 点做一条大致垂直于两相邻等高线的线段 mn，量取 mn 的图上长度 d_{mn}，然后再量取 mp 的图上长度 d_{mp}，则 p 点的高程：

$$H_p = H_m + h_{mp}$$
$$h_{mp} = (d_{mp}/d_{mn})h_{mn} \tag{8-2}$$

式中，$h_{mn} = 1\text{m}$，为本图幅的等高距，$d_{mp} = 3.5\text{mm}$，$d_{mn} = 7.0\text{mm}$，则

$$h_{mp} = (3.5/7.0) \times 1 = 0.5\text{m}$$
$$H_p = 65 + 0.5 = 65.5\text{m}$$

根据等高线勾绘的精度要求，也可以用目估的方法确定图上一点的高程。

3. 确定图上直线的长度

如图 8-8 所示，为了消除图纸变形的影响，可根据两点的坐标计算水平距离。首先，按式（8-1）求出图上 P、Q 点的坐标（x_P、y_P）、（x_Q、y_Q），然后按下式计算水平距离 D_{PQ}。

$$D_{PQ} = \sqrt{\Delta x_{PQ}^2 + \Delta y_{PQ}^2} = \sqrt{(x_Q - x_P)^2 + (y_Q - y_P)^2} \tag{8-3}$$

也可以用毫米尺量取图上 P、Q 两点间距离，再按比例尺换算为水平距离，但后者受图纸伸缩的影响较大。

4. 确定图上直线的坐标方位角

如图 8-10 所示，欲求直线 AB 的坐标方位角。依反正切函数，先求出图上 A、B 两点的坐标 (x_A, y_A)、(x_B, y_B)，然后按下式计算出直线 AB 坐标方位角。

$$\alpha_{AB} = \arctan(\Delta y_{AB}/\Delta x_{AB}) \tag{8-4}$$

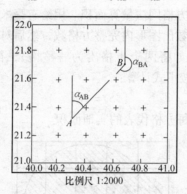

图 8-10　确定图上直线的坐标方位角

当直线 AB 距离较长时，按式（8-4）可取得较好的结果。也可以用图解的方法确定直线坐标方位角。首先过 A、B 两点精确地做坐标格网 X 方向的平行线，然后用量角器量测直线 AB 的坐标方位角。

同一直线的正、反坐标方位角之差应为 $180°$。

5. 确定直线的坡度

设地面两点 m、n 间的水平距离为 D_{mn}，高差为 h_{mn}，直线的坡度 i 为其高差与相应水平距离之比：

$$i_{mn} = h_{mn}/D_{mn} = h_{mn}/(d_{mn}M) \tag{8-5}$$

式中，d_{mn} 为地形图上 m、n 两点间的长度（以米为单位），M 为地形图比例尺分母。坡度 i 常以百分率表示。图 8-9 中 m、n 两点间高差为 $h_{mn} = 1.0m$，量得直线 mn 的图上距离为 $7mm$，地

形图比例尺为 $1:2000$，则直线 mn 的地面坡度为 $i = 7.14\%$。如果两点间距离较长，中间通过疏密不等的等高线，则上式所求地面坡度为两点间的平均坡度。

6. 面积量算

在工程规划设计中，常需要在地形图上量算一定范围内的面积，下面介绍两种常用的面积运算方法。

（1）方格网法　如图 8-11 所示，对于不规则曲线围成的平面团形，可采用方格网法量算面积。用绘有毫米方格的透明纸覆盖于该图形上，数出图形内完整方格数，然后对于不完整的方格进行凑整数（例如将两个半格凑为一整格），得到总方格数为 N，则面积 S 可按下式计算：

$$S = NA \tag{8-6}$$

式中，A 为每方格代表的实地面积。

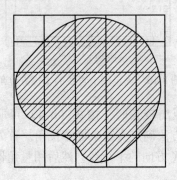

图 8-11　方格网法

（2）坐标计算法　对于任意多边形面积的量算，可根据多边形各顶点的坐标按公式计算出其面积。如图 8-12 为一任意四边形，各顶点按顺时针编为 1、2、3、4。则其面积为

$$S = \frac{1}{2}\left[(x_1 + x_2)(y_2 - y_1) + (x_2 + x_3)(y_3 - y_2) - (x_1 + x_4)(y_4 - y_1) - (x_3 + x_4)(y_3 - y_4)\right]$$

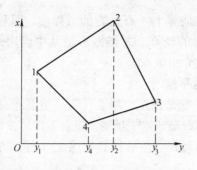

图 8-12　坐标计算法

整理得　$S = \dfrac{1}{2}\big[x_1(y_2 - y_4) + x_2(y_3 - y_1) +$

$$x_3(y_4 - y_2) + x_4(y_1 - y_3) \big]$$

对于任意 n 边形面积的坐标公式为

$$S = \frac{1}{2} \sum x_i(y_{i+1} - y_{i-1}) \tag{8-7}$$

或　　　　$$S = \frac{1}{2} \sum y_i(x_{i-1} - x_{i+1}) \tag{8-8}$$

值得注意的是，利用式（8-7）和式（8-8）计算任意 n 边形的面积时，n 边形的各顶点应按顺时针方向编号为 1、2、3、4、…、n。当 $i = 1$ 时，y_{i-1}（或 x_{i-1}）用 y_n（或 x_n）代替；当 $i = n$ 时，y_{n+1}（或 x_{n+1}）用 y_1（或 x_1）代替。而且式（8-7）、式（8-8）也可以互相作为计算检核。

另外，也可以用电子求积仪直接测量图形面积。电子求积仪测量图形面积的优点是：操作简便、可靠性好、速度快。特别适用于不规则物线图形的面积量算，并能保证足够的精度。

8. 2. 2　地形图在平整土地中的应用

工程建设中，常常要将建筑区的自然地貌改造成水平面或倾斜平面，以满足各类建筑物的平面布置、地表水的排放、地下管线的敷设和公路铁路施工等需要。在大型工程的规划设计中，一

项重要的工作是估算土（石）方的工程量，即利用地形图进行
挖填土（石）方的概算。方格网法是其中应用最广泛的一种。
下面分两种情况介绍该方法。

1. 水平场地平整

水平场地平整是按挖、填土（石）方量平衡的原则，将建
筑区内的原地形改造成水平场地。主要工作是首先根据设计要求
计算出设计平面高程，然后估算挖填土（石）方量。其具体步
骤如下。

（1）在地形图上绘制方格网　如图 8-13 所示，在地形图上
的拟建场地内绘制方格网。方格边长的大小取决于地形图比例
尺、地形复杂程度以及土（石）方估算的精度要求。根据地形
情况，边长一般取为 10m 或 20m。

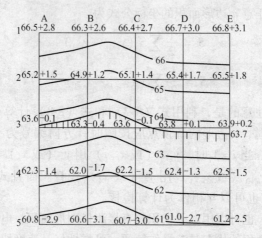

图 8-13　在地形图上绘制方格网

（2）设计平面的高程计算　为保证挖、填上（石）方量平
衡，设计平面的高程应等于建筑区内的原地形的平均高程。平均
高程的计算方法如下：

首先根据地形图上的等高线内插求出各方格顶点的高程，并
注记在相应方格顶点的左上方，然后根据方格顶点的高程计算各

方格的平均高程，再把每个方格的平均高程相加除以方格总数，就得到拟建场地的设计平面高程 H_0（计算过程略）。

结合图 8-13，分析设计高程 H_0 的计算过程可以看出：方格网的角点 A1、A5、E1、E5 的高程在计算 H_0 中只用了一次，边点 A2、A3、A4、B1、B5、C1、C5、…的高程用了两次，拐点的高程用了三次，而中间点 B2、B3、B4、C2、C3、C4…的高程都用了四次，因此，设计高程的计算公式可总结为

$$H_0 = \left\{ \sum H_{角} + 2 \sum H_{边} + 3 \sum H_{拐} + 4 \sum H_{中} \right\} / 4n \quad (8-9)$$

将图 8-13 中方格网顶点的高程代入式（8-9），可计算出设计高程是 63.7m。在地形图上内插出 63.7m 等高线，也称为挖、填边界线。

（3）计算挖、填高度　根据设计高程和方格顶点的高程，可以计算出每一方格顶点的挖、填高度：

$$挖、填高度 = 地面高程 - 设计高程 \quad (8-10)$$

各方格顶点的挖、填高度写于相应方格顶点的右上方。正号为挖深，负号为填高。如图 8-13 所示，挖、填边界线上绘有短线的一侧为填土区，其挖、填高度全为负；挖、填边界线上另一侧为挖土区，其挖、填高度全为正。

（4）挖、填土方量计算　如图 8-14 所示，挖、填土方量按角点、边点、拐点和中点分别计算。

$$
\begin{aligned}
&角点：挖（填）高度 \times 1/4 方格面积\\
&边点：挖（填）高度 \times 2/4 方格面积\\
&拐点：挖（填）高度 \times 3/4 方格面积\\
&中点：挖（填）高度 \times 1 方格面积
\end{aligned}
\quad (8-11)
$$

设每个方格实地面积为 100m²，由前计算得设计高程是 63.7m，每一方格顶点的挖深或填高数据按式（8-10）分别计算出，并注记在相应方格顶点的右上方。挖、填土方量按式（8-11）计算，其计算过程见表 8-5，计算出总挖方量 1257.5m³，总填土方量为 1225.0m³。可以看出，用上述方法确定的设计平面可以满足挖填方量平衡的要求。

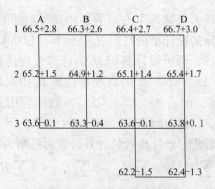

	A	B	C	D
1	66.5+2.8	66.3+2.6	66.4+2.7	66.7+3.0
2	65.2+1.5	64.9+1.2	65.1+1.4	65.4+1.7
3	63.6-0.1	63.3-0.4	63.6-0.1	63.8+0.1
			62.2-1.5	62.4-1.3

图 8-14 挖、填土方量的计算

表 8-5 挖、填土计算过程

点类 ＼ 土方	挖方量/m³	填方量/m³
角点	147.5	135.0
边点	590.0	590.0
中点	520.0	500.0
拐点		
合计	1257.5	1225.0

2. 倾斜平面场地平整

通常，倾斜平面场地平整也是根据设计要求和挖、填土（石）方量平衡的原则，在地形图上绘出设计倾斜平面的等高线，进而将原地形改造成具有某一坡度的倾斜平面。但是，有时要求所设计的倾斜平面必须包含不能改动的某些高程点（称为设计斜平面的控制高程点）。例如，已有道路的中线高程点；永久性或大型建筑物的外墙地坪高程等。如图 8-15 所示，设 A、B、C 三点为控制高程点，相应地面高程分别为 80.6、84.2m 和 83.8m。场地平整后的倾斜平面必通过 A、B、C 三点。其设计步骤如下。

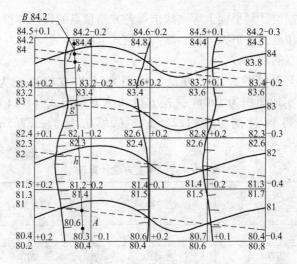

图 8-15　倾斜平面场地平整

（1）确定倾斜平面上设计等高线　如图 8-15 所示，过 A、B 两点做一直线，按比例内插法在该直线上分别求出 i、h、g、f，对应于高程 81m、82m、83m、84m 的点。这些高程点的位置，也就是设计斜平面上相应等高线应经过的位置。由于设计斜平面经过 A、B、C 三点，可在 A、B 直线上内插出一点 k，使其高程等于 C 点高程 83.8m。连接 k、C，则 kC 直线的方向就是设计斜平面上等高线的方向。

（2）确定挖、填边界线　首先绘出设计斜平面上相应 81m、82m、83m、84m 的各条等高线。为此，过 i、h、g、f 各点做 kC 直线的平行线（图中的虚线），即为设计斜平面上相应的等高线。将设计斜平面上的等高线和原地形上同名等高线的交点，用光滑曲线连接，即为挖、填边界线。挖、填边界线上原地形高程等于设计斜平面上对应点高程。图 8-15 中，挖、填边界线上绘有短线的一侧为填土区，另一侧为挖土区。

在地形图上绘制方格网，并确定原地形上各方格顶点的高程，注记在方格顶点的左上方。

根据设计斜平面上等高线求得各方格顶点的设计高程，注记在方格顶点的左下方。挖、填高度按式（8-10）计算，并记在各方格顶点的右上方。

（3）计算挖、填土方量　设图 8-15 中方格边长为 10m，每方格实地面积为 100m^2，挖方量和填方量按式（8-11）分别计算，得到总挖方量 122.5m^3，总填方量为 177.5m^3，见表 8-6。

表 8-6　挖、填土方量计算表

点类　　　土方	挖方量/m^3	填方量/m^3
角点	7.5	17.5
边点	45.0	70.0
中点	70.0	90.0
拐点		
合计	122.5	177.5

8.3　数字化测图

8.3.1　数字化测图技术概述

随着电子技术、计算机技术的发展和全站仪的广泛应用，逐步构成了野外数据采集系统，将其与内业机助制图系统结合，形成了一套从野外数据采集到内业制图全过程的、实现数字化和自动化的测量制图系统，人们通常称之为数字化测图（简称数字测图）或机助成图。

如图 8-16 所示，数字化测图是以计算机为核心，在外连输入输出设备硬件、软件的条件下，通过计算机对地形空间数据进行处理而得到数字地图。这种方法改变了以手工描绘为主的传统测量方法，其测量成果不仅是绘制在图纸上的地图，还有方便传输、处理、共享的数字信息，现已广泛应用于测绘生产、城市规划、土地管理、建筑工程等行业与部门，并成为测绘技术变革的重要标志。

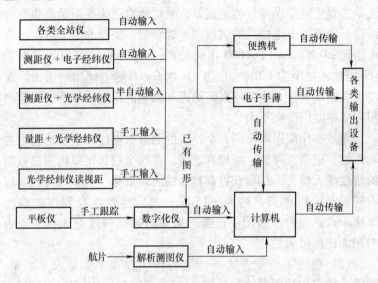

图 8-16　数字测图的作业模式

1. 数字化测图的基本思想

传统的地形测图（白纸测图）是将测得的观测值用图解的方法转化为图形，其转化过程几乎都是在野外实现的，图形信息承载量少，变更修改极为不便，劳动强度较大，难以适应当前经济建设飞速发展的需要。而数字化测图则不同，它希望尽可能缩短野外的作业时间，减轻野外劳动强度，将大部分作业内容安排到室内去完成，把大量的手工作业转化为电子计算机控制下的机械操作，图上内容可根据实际地形、地物随时变更与修改，而且不会损失应有的观测精度。

数字化测图就是将采集的各种有关的地物、地貌信息转化为数字形式，经计算机处理后，得到内容丰富的电子地图，并可将地形图或各种专题图显示或打印出来。这就是数字化测图的基本思想。

2. 数字化测图的特点

（1）点位精度高　传统的测图方法，其地物点的平面位置误差主要受展绘误差、测定误差、测定地物点的视距误差和方向误差、地形图上地物点的刺点误差等影响。实际的图上点位误差可达到 ±0.47mm（1∶1000 比例尺）。其地形点的高程测定误差（平坦地区视距为 150m）也达 ±0.06m，且随着倾角的增大，误差也急剧增大。无论怎样提高测距和测角的精度，传统的图解测图方法精度仍变化不大。

而数字化测图则不同，全站仪的测量数据作为电子信息可自动传输、记录、存储、处理和成图。在这全过程中原始测量数据的精度毫无损失，从而获得高精度的测量成果（距离在 300m 以内时测定地物点误差约为 ±15mm，测定地形点高程误差约为 ±18mm）。在数字测图中，野外采集的数据精度毫无损失，也与图的比例尺无关。

（2）改进了作业方式　传统的作业方式主要是人工记录、绘图。数字化测图则使野外测量达到自动记录、成图，出错的概率小，绘制的地形图精确、规范、美观，同时也避免了因图纸伸缩带来的各种误差。

（3）图件更新方便　采用数字化测图能克服白纸测图连续更新的困难。当测区发生大的变化时，可随时补测，始终保持图面整体的可靠性和现势性。

（4）增加了地图的表现力　可绘制各种比例尺的地形图，也可分层输出各类专题地图，满足不同用户的需要。

（5）可作为 GIS 的信息源　数字化测图能及时准确地提供各类基础数据更新 GIS 的数据库，保证地理信息的可靠性和现势性，为 GIS 的辅助决策和空间分析发挥作用。

8.3.2　数字化测图的作业过程

大比例尺数字化测图一般经过野外数据采集、数据编码、数据处理和地图数据输出四个阶段。

（1）野外数据采集　采用全站仪进行实地测量，将野外采集的数据自动传输到电子手簿或计算机中。一般每个点的记录通常有点号、点的三维坐标、点的属性及点与点的连接关系等。

（2）数据编码　测点的属性是用地形编码表示的，有编码就知道它是什么点，图式符号是什么。反之，野外测量时知道测的是什么点，就可以给出该点的编码并记录下来。

（3）数据处理　数据处理分为数据的预处理、地物点的图形处理和地貌点的等高线处理。数据预处理是检查原始数据，删除出错信息代码的过程。预处理后生成点文件，再形成图块文件：与地物有关的点记录生成地物图块文件；与地形有关的点记录生成等高线图块文件。图块文件生成后可进行人机交互方式下的地图编辑。

（4）地图数据输出　人机交互编辑形成的图形文件可以用磁盘存储或通过绘图仪绘制各类地图。

8.3.3　数字化测图的软件

随着大比例尺数字测图方法的普及和日益广泛的应用，我国从 20 世纪 80 年代初由几十家单位研制开发出了一大批性能优越、操作简便的大比例尺数字测图的软件。较有代表性的如南方测绘仪器公司的 CASS 内、外业成图系统，广州开思 SCS 成图系统，武汉瑞得 RDMS 数字测图系统，清华三维新技术开发公司研制的 EPSW 电子平板测图系统等。

在经历了使用全站仪或电磁波测距仪配合经纬仪测量，电子手簿记录，同时需画人工草图的阶段之后，数字化测图开始了智能化的外业采集并能记录成图的阶段，特别是电子平板测图系统，给数字测图提供了新的发展机遇。它可以在野外实时成图和图形编辑，计算机的显示屏上所显即所测，测量出现的错误在现场可及时进行纠正，从硬件意义上讲，完全替代了图板、图纸等绘图工具。

随着科技水平的进一步提高，自动化程度更高的作业模式有全站仪自动跟踪测量模式和 GPS—RTK 测量模式。这些技术将在今后的工程建设中得到更广泛的应用。

实训：核算建筑区内的挖、填方量

如图 8-17 所示，将建筑区内的原地貌改造成水平场地。要求满足挖、填土（石）方量平衡的原则。则其主要工作是根据设计要求计算出设计平面高程和挖填土（石）方量。

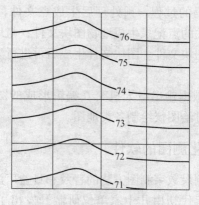

图 8-17　计算挖、填方量

第9章　施工测量的基本工作

工程建设都需要经过勘测设计和施工两个阶段。勘测设计阶段的测量工作主要是测绘各种比例尺的地形图，为设计人员提供必要的地形资料；而施工阶段的测量工作则是按照设计人员的测绘数据，将建筑物的平面位置和高程测设到地面上，作为施工的依据，并在施工过程中指导各工序间的衔接，监测施工质量。

由于施工现场各种建筑物分布较广，为了使建筑场地各工段能同时施工，且具有相同测量精度，施工测量与地形测图一样，也应遵循"从整体到局部"的原则和"先控制后细部"的工作程序，即先在施工现场建立统一的施工控制网（平面控制网和高程控制网），然后根据控制网点测设建筑物的主要轴线，进而测设细部。

施工放样的精度较地形测图要高，且与建筑物的等级、大小、结构形式、建筑材料和施工方法等因素有关。通常高层建筑物的放样精度高于低层建筑物；钢结构建筑物的放样精度高于钢筋混凝土结构建筑物；工业建筑的放样精度高于民用建筑；连续自动化生产车间的放样精度高于普通车间；吊装施工方法对放样的精度要求高于现场浇筑施工方法。总之，要根据不同的精度要求来选择适当的仪器和确定测设的方法，并且要使施工放样的误差小于建筑物设计容许的绝对误差，否则，将会影响施工质量。

9.1　放样的基本测量工作

9.1.1　从已知直线长度进行施工放样

施工放样的基本测量工作包括已知直线长度的放样、已知角度的放样和已知高程的放样。现将其放样的方法分别叙述如下。

从直线的一个已知端点出发,沿某一确定方向量取设计长度,以确定该直线另一端点位置的方法称为直线长度的放样。

在地面上放样已知直线的长度与丈量两点间的水平距离不同。丈量距离时通常先用钢尺在地面量出两点间的距离 L',然后加上尺长改正 ΔL、温度改正 ΔL_t 和倾斜改正 ΔL_h,以算出两点间的水平距离 L,即

$$L = L' + \Delta L + \Delta L_t + \Delta L_h \qquad (9\text{-}1)$$

放样一段已知长度的直线时,其作业程序恰恰与此相反。首先,应根据设计给定的直线长度 L(水平距离),减去上述各项改正,求得现场放样时的长度 L',即

$$L' = L - \Delta L - \Delta L_t - \Delta L_h \qquad (9\text{-}2)$$

然后,用计算出的长度 L' 在实地放样。

【例】如图 9-1 所示,某化工厂为扩大生产,将扩大厂房,测得其主轴线 AB 的设计长度为 48m,欲从地面上相应的 A 点出发,沿 AC 方向放样出 B 点的位置。

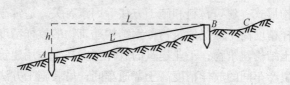

图 9-1 从已知直线的放样

设所用的 30m 钢尺,检定温度测得为 20℃ 时的实长为 30.005m,放样时的温度 $t = 12$℃,概略量距后测得两端点的高差 $h = \pm 0.8$m,求这时的地面实量长度 L'。

【解】:(1)改正数的计算

$$\Delta L = L\frac{l - l_0}{l_0} = 48 \times \frac{30.005 - 30}{30} = \pm 0.008\text{m}$$

$$\Delta L_t = L\alpha(t - t_0) = 48 \times 0.000012 \times (12 - 20) = -0.005\text{m}$$

$$\Delta L_{\rm h} = -\frac{h^2}{2L} = -\frac{0.8^2}{2 \times 48} = 0.007 {\rm m}$$

（2）放样长度的计算

$$L' = L - \Delta L - \Delta L_{\rm t} - \Delta L_{\rm h}$$
$$= 48 - 0.008 + 0.005 + 0.007$$
$$= 48.004 {\rm m}$$

放样时，从 A 点开始沿 AC 方向实量 48.004m 得 B 点，则 AB 既为所求直线的长度。

9.1.2　从已知角度进行施工放样

根据已知水平角的角值和一个已知方向，将该角的第二个方向测设到地面上的工作，称为角度放样。由于对测设精度的要求不同，其放样方法也有所不同。

1. 一般方法

如图 9-2 所示，设 OA 为地面上已有方向线，欲从 OA 方向向右测设一个角度 α，以定出 OB 方向。为此，将经纬仪安置于 O 点，盘左使度盘读数为零瞄准 A 点。松开照准部制动螺旋，使度盘读数为 α 时，沿视线方向在地面上定出 B' 点。然后倒转望远镜，以同样方法用盘右测设一角值 α，沿视线方向在地面上定出另一点 B''。由于测设误差的影响，点 B' 和 B'' 常不重合，取 B' 和 B'' 的中点 B，则 $\angle AOB$ 即为要测设的 α 角。

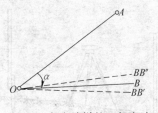

图9-2　角度放样的一般方法

2. 精确方法

为了提高 α 角的测设精度，可采用做垂线改正的方法。如

图 9-2 所示，将经纬仪安置于 O 点，先用盘左放样 α 角，沿视线方向在地面上标定出 B' 点，然后用测回法观测 $\angle AOB'$ 若干测回。设其平均角值为 α'，它与设计角之差为 $\Delta\alpha$。为了得到正确的方向 OB，必须将 $\Delta\alpha$ 加以改正。为此，可根据丈量的 OB' 长度和 $\Delta\alpha$ 值计算垂直距离 $B'B$，即

$$B'B = OB\tan\Delta\alpha \approx OB'\frac{\Delta\alpha''}{\rho''} \qquad (9\text{-}3)$$

式中，$\Delta\alpha = \alpha' - \alpha$；$\rho''$ 代表一个弧度的角值，以秒计，$\rho'' = 206265''$。

过 B' 点做 OB' 的垂线，再从 B' 点测垂线方向，向外（$\Delta\alpha$ 为负时）或向内（$\Delta\alpha$ 为正时）量取 $B'B$ 定出 B 点，则 $\angle AOB$ 即为欲测设的 α 角。

9.1.3 从已知高程进行施工放样

在施工过程中，标定建筑物各个不同部位设计高程的工作称为高程放样。高程放样的方法随着施工情况的不同大致可分为如下两种。

1. 地面点的高程放样

将设计高程测设于地面上，一般是采用几何水准的方法，根据附近水准点引测获得。如图 9-3 所示，A 为已知水准点，其高程为 H_A，B 为欲标定高程的点，其设计高程为 H_B。

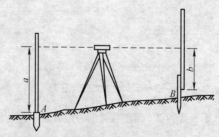

图 9-3　地面点的高程放样

将 B 的设计高程 H_B 测设于地面，可在 A、B 两点间置水准

仪，先在水准点 A 上立尺，读取后视读数 α，则 B 点水准尺应有的读数 b 为：

$$b = H_A + a - H_B \tag{9-4}$$

然后在 B 点上立尺，使尺紧贴木桩上下移动，直至尺上读数为 b 时，紧贴尺底在木桩上画一红线，此线就是欲放样的设计高程 H_B。

在建筑施工中，为了计算方便，一般把室内第一层楼的地坪设计高程作为 ±0.000 标高。为此，首先按上述方法放样出 ±0.000 标高点，然后以 ±0.000 为依据进行其他各部位的高程放样。±0.000 标高是假定高程，由于设计中各建（构）筑物所处位置不同，±0.000 标高的绝对高程不一定相等。

2. 高程的传递

当开挖较深的基槽、安装起重机轨道或建造高楼时，就得向低处或高处引测高程，这种引测高程的方法称为高程的传递。

现以从高处向低处传递高程为例，说明其作业方法。如图 9-4 所示，A 为地面水准点，其高程已知，现欲测定基槽内水准点 B 的高程。

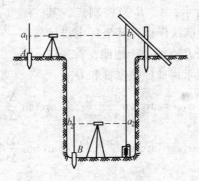

图 9-4　高程的传递

在基槽边埋一吊杆，从杆端悬挂一钢尺（零端在下），尺端吊一重锤。在地面上和基槽下各安置一架水准仪，分别在 A、B

两点竖立水准尺，由两架水准仪同时读取水准尺和钢尺上的读数 a_1、b_1、a_2、b_2，则 B 点的高程为

$$H_B = H_A + a_1 - b_1 + a_2 - b_2 \qquad (9-5)$$

为了保证引测 B 点高程正确，应改变悬挂钢尺的位置，按上述方法重测一次，两次测得的高程较差不得大于 3mm。

9.2　点的平面位置放样

点的平面位置放样的方法有极坐标法、直角坐标法、角度交会法、距离交会法及方向线交会法等。放样时，可根据控制点与待定点的相互关系、地形条件等因素适当选用。

9.2.1　极坐标法

极坐标法是根据极坐标原理，由一个角度和一段距离测设点的平面位置的一种方法。当测设点离控制点距离较近，且量距方便时可采用此法。

如图 9-5 所示，A、B 为控制点，其坐标已知，P 为欲放样点，其坐标由设计图上求得。欲将 P 点测设于地面，首先应由坐标反算公式求得放样数据 β 和 D_{AP}。

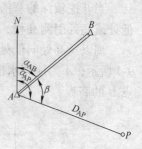

图 9-5　极坐标法

$$\alpha_{AB} = \arctan \frac{y_B - y_A}{x_B - x_A} = \arctan \frac{\Delta y_{AB}}{\Delta x_{AP}} \qquad (9-6)$$

$$\alpha_{AP} = \arctan \frac{y_P - y_A}{x_P - x_A} = \arctan \frac{\Delta y_{AP}}{\Delta x_{AP}}$$

则

$$\beta = \alpha_{AP} - \alpha_{AB} \qquad (9-7)$$

$$D_{AP} = \sqrt{\Delta x_{AP}^2 + \Delta y_{AP}^2} \qquad (9-8)$$

放样时，将经纬仪安置于 A 点，按前一节所述方法测设 β 角，定出 AP 的方向；再沿此方向从 A 点量距离 D_{AP}，即得 P 点

在地面上的平面位置。

9.2.2 直角坐标法

若在建筑场地中预先布设了建筑基线、建筑方格网或矩形控制网，则可采用直角坐标法进行点位的放样。

如图 9-6 所示，$QRST$ 是建筑场地上已布设的矩形控制网，$ABCD$ 是需放样的建筑物，它们的坐标分别注于图中。

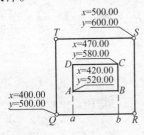

图 9-6 直角坐标法

放样之前，应根据各点坐标，计算出建筑物的长度、宽度以及测设点相对于邻近控点的坐标增量等测设数据。例如，在图 9-6 中，建筑物的边长为

$$AB = CD = 580.00 - 520.00 = 60.00\text{m}$$

$$AD = BC = 470.00 - 430.0 = 40.00\text{m}$$

A 点相对于邻近控制点 Q 的坐标增量为

$$\Delta x = 430.00 - 400.00 = 30.00\text{m}$$

$$\Delta y = 520.00 - 500.00 = 20.00\text{m}$$

放样时，将经纬仪安置于控制点 Q 上，瞄准 R 点，沿此方向线从 Q 点量 20m 定出 a 点，再由 a 点向前量 60m 定出 b 点。搬仪器至 a 点，瞄准 R 点使盘读数为零，望远镜向左转 $90°$，沿视线方向从 a 点量 30m 得 A 点，再从 A 点向前量 40m 得 D 点。再把仪器搬至 b 点，瞄准 Q 点使盘读数为零，将望远镜向右转 $90°$，在此视线方向上从 b 点量 30m 得 B 点，再从 B 点向前量 40m 得 C 点。这样就将建筑物的四个角点在地面上标定出来了。最后，检查建筑物角点 D 和 C 是否为 $90°$，边长 AB 和 CD 是否为 60m，误差应在允许范围之内。

9.2.3 角度交会法

角度交会法是根据测设角度所定的方向交会出点的平面位置

的一种方法。当测设点离控制点较远或地形起伏较大、不便于量距时，采用此法较为方便。

如图 9-7 所示，A、B、C 为三个控制点，其坐标及方位角 α_{AB}、α_{BC} 已知，P 为待放样点，其坐标为设计所给。采用角度交会法欲定出 P 点的实地位置，首先要计算放样数据 β_1、β_2、β_3，即：

$$\beta_1 = \alpha_{AB} - \alpha_{AP}$$
$$\beta_2 = \alpha_{BC} - \alpha_{BP} \qquad (9\text{-}9)$$
$$\beta_3 = \alpha_{CP} - \alpha_{CB}$$

式中

$$\alpha_{AP} = \arctan \frac{y_P - y_A}{x_P - x_A}$$

$$\alpha_{BP} = \arctan \frac{y_P - y_B}{x_P - x_B} \qquad (9\text{-}10)$$

$$\alpha_{CP} = \arctan \frac{y_P - y_C}{x_P - x_C}$$

放样时，将经纬仪分别安置于 A、B、C 三个控制点上，先用盘左测设角 β_1、β_2、β_3，交会出 P 点的大致位置，在此位置上打一个大木桩，然后在桩顶平面上按角度放样的一般方法画出 AP、BP、CP 的方向线 ap、bp、cp，如图 9-7b 所示。三条方向线在理论上应交于一点，但实际上由于放样的误差，往往不交于一点，而构成一个三角形，该三角形称为示误三角形，如图 9-7b 所

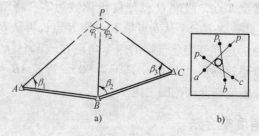

图 9-7 角度交会法

示。示误三角形的最长边一般不得超过 3 ~ 4cm，如果在允许范围内，则取三角形重心作为 P 点的点位。

为了提高测设点位的精度，在做交会设计时，应使交会角 φ_1、φ_2 为 30° ~ 150°。

9.2.4　距离交会法

距离交会法是由两个已知点向同一待放样点测设两段距离，交会出点的平面位置的一种方法。当地面平坦又无障碍物，且待放样点离控制点间的距离不超过钢尺一个尺段时，采用此方法较方便。

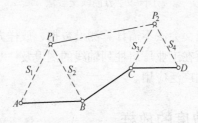

图 9-8　距离交会法

如图 9-8 所示，P_1、P_2 是待放样点，A、B、C、D 为控制点。根据 P_1、P_2 点的设计坐标和各控制点的已知坐标反算求得点 P_1、P_2 距附近控制点间的距离 S_1、S_2、S_3、S_4。用钢尺分别以 A、B 为圆心，以 S_1、S_2 为半径在地面上画弧，其交点即为 P_1 点的位置；同样分别以 C、D 为圆心，以 S_3、S_4 为半径交出 P_2 点的位置。最后，量取 P_1、P_2 的实地长度，并与设计长度相比较，其误差应在允许范围以内，以检核放样精度。

9.2.5　方向线交会法

方向线交会法主要是利用两条视线交会定点。

如图 9-9 所示，某厂房内设计有两排柱子，每排 6 根，共计 12 根。为了将这 12 根柱子的中心测设于地面上，事先可按照其间距在施工范围以外埋设距离控制桩 1—1′、2—2′、…、6—6′ 和 a—a′、b—b′，然后利用方向线即可交会出柱子的中心位置。如图 9-9 中的 m 点，可由视线 1—1′ 和 a—a′ 交会而得。

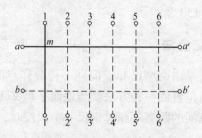

图 9-9　方向线交会法

由于方向线交会法不需计算测设数据，放样方法简单，标定点位迅速，因而在工业厂房柱列轴线的测设及柱基础施工测量等细部放样中得到广泛应用。

9.3　直线坡度的放样

在修筑道路、敷设给水排水管道、平整建筑场地等工程的施工中，常常需要将设计的坡度线测设于地面，据以指导施工。

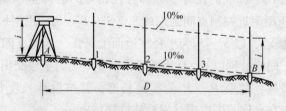

图 9-10　直线坡度的放样

如图 9-10 所示，A 为已知点，其高程为 H_A，要求沿 AB 方向测设一条坡度为 –10‰的直线，其施测步骤如下：

1）根据 A、B 两点间的水平距离 D 及设计坡度，计算 B 点的设计桩顶高程：$H_B = H_A - D \times 10‰$

2）按照高程放样的方法，放样出 B 点的设计高程。

3）将水准仪（或经纬仪）安置于 A 点，使一个脚螺旋位于 AB 方向上，另外两个脚螺旋或连线垂直于 AB 方向，量取仪器高 i。

4）用水准仪望远镜照准 B 点处的水准尺，转动微倾螺旋或在 AB 方向上的一个脚螺旋，使视线在水准尺上的读数为仪器高 i，然后分别在中间点 1、2、3 上打入木桩，使这些桩上的水准尺读数都等于仪器高 i，则各桩顶的连线即表示坡度为 $-10‰$ 的直线。

实训：根据高程求出未知点的长度或位置

1. 利用高程为 37.531m 的水准点，放样高程为 37.831m 的室内 ±0.000 标高。设尺子立在水准点上时，按水准仪的水平视线在尺上画了一条线，问在同一根尺上的什么地方再画一条线，才能使视线对准此线时，尺子底部就在 ±0.000 高程的位置？

2. 如果使用名义长为 30m 的钢卷尺，放样一段 48m 的水平距离 AB。经检定该尺的实际长度为 30.005m，检定时的温度为 20℃，若放样时的温度为 12℃，所施于钢卷尺的拉力与检定时相同，A、B 两点间的高差为 -0.4m。试计算在地面上应量出的长度是多少？

参 考 文 献

[1] 魏静. 建筑工程测量 [M]. 北京：机械工业出版社，2011.

[2] 周新力. 工作的开始——土木工程测量 [M]. 北京：机械工业出版社，2009.

[3] 王国辉. 土木工程测量 [M]. 北京：中国建筑工业出版社，2011.

[4] 周新力. 建筑工程测量问答实录 [M]. 2 版. 北京：机械工业出版社，2011.

[5] 瞿义勇. 测量员上岗必读 [M]. 北京：机械工业出版社，2011.

[6] 陈向红. 测量员——专业技能入门与精通 [M]. 北京：机械工业出版社，2011.

[7] 李长成，陈立春. 工程测量 [M]. 北京：北京理工大学出版社，2010.

[8] 王欣龙. 测量放线工新手易学一本通 [M]. 北京：机械工业出版社，2011.

[9] 郝海森. 工程测量 [M]. 北京：中国电力出版社，2007.

-同类书推荐-

《建筑工程概预算实例教程》　　　　　　　　陈远吉　王霞兵　主编

本书依据国家住房和城乡建设部于2008年7月9日发布，并于2008年12月1日起施行的《建设工程工程量清单计价规范》（GB50500——2008），完整系统地介绍了工程造价基础知识；建筑工程定额原理；工程单价的确定；建筑工程工程量清单计价；建筑工程工程量计算规则；建筑工程设计概算的编制与审查；建筑工程施工图预算的编制与审查；建筑工程结算与竣工决算等内容。

书号：978-7-111-26232-9　　定价：30.00元

《建筑工程监理实例教程》　　　　　　　　　　　　　　强立明　主编

本书通过实例详细介绍了我国工程建设监理制度的相关知识，将监理工作中质量控制、进度控制、投资控制、信息管理、合同管理及组织协调等知识系统展现，力求以知识性、实践性的特点为广大建筑从业人员打造一本实用性更强的指导图书。

书号：978-7-111-29148-0　　定价：28.00元

《建筑工程招标投标实例教程》　　　　　　　　　　　　强立明　主编

本书根据最新的法律法规及现行的招标投标规范文本编写而成，内容主要包括建筑工程招标投标基础知识及建筑工程招标投标基本操作流程。通过大量工程实例，介绍招标投标相关知识，通俗易懂。本书体系完备，具有较强实践性。本书适合于建筑工程招标投标管理人员阅读使用，也适合于工程技术人员、监理人员参考使用。

书号：978-7-111-29333-0　　定价：28.00元

《建筑工程给水排水实例教程》　　　　　　　　　　　　李亚峰　编著

本书主要介绍建筑给水排水工程的基本知识、工程设计基本要求、施工安装技术，并结合实际工程设计图纸介绍设计图纸的内容及识读。本书主要内容包括建筑给水系统，建筑消防系统，建筑排水系统，建筑热水供应系统，建筑中水系统及游泳池给水排水，建筑给水排水工程施工图等。本书可供从事建筑给水排水工程施工安装、监理以及相关工程技术人员使用，也可以作为给水排水工程及相关专业大中专院校学生的教学参考书。

书号：978-7-111-32330-3　　定价：28.00元

-同类书推荐-

《建筑工程合同管理实例教程》　　　　　　　　　　　李锦华 李东光 主编

　　建设工程合同管理是工程项目管理的重要组成部分，对工程项目建设的成败有着重要影响。建设工程合同管理是一项体现现代科学技术的多学科管理工作。涉及技术理论、合同法律、施工经验等诸多方面，良好的合同管理对业主和承包商的利益保护是非常重要的。

　　书号：978-7-111-32827-8　　定价：35.00元

《建筑工程消防实例教程》　　　　　　　　　　　　　　　李亚峰 编著

　　本书主要介绍建筑消防工程的基本知识、工程设计基本要求、施工安装技术，并结合实际工程设计图纸介绍设计图纸的内容及识读。主要内容包括建筑火灾与建筑消防工程，消火栓灭火系统，自动喷水灭火系统，其他灭火系统，地下工程与人防工程的消防，火灾自动报警系统，灭火器配置等共7章。本书可供从事消防工程施工安装、监理以及相关工程技术人员使用，也可作为给水排水工程及相关专业大中专院校学生的教学参考书。

　　书号：978-7-111-33428-6　　定价：29.80元

《建筑工程临时用电实例教程 》　　　　　　　　　　罗良武 渠秋会 主编

　　本书主要介绍建筑工地临时用电的安全要求、管理规范、配电技术、电器选择和电气保护等方面的基本知识。
　　本书是建筑工人朋友自学的好书，也可作为建筑工人岗前培训及高职院校相关专业的教材，还是电气工程技术人员的参考资料。

　　书号：978-7-111-33636-5　　定价：24.00元

《建筑工程成本管理实例教程》　　　　　　　　　　　　　　强立明 主编

　　本书主要内容包括：建筑工程成本管理基本知识、建筑工程成本预测与成本决策、建筑工程成本计划、建筑工程成本控制、建筑工程成本核算、建筑工程成本分析与考核、建筑工程成本报表的编制、建筑工程造价及管理。本书可供相关岗位工程技术人员、管理人员学习参考。

　　书号：978-7-111-34127-7　　定价：29.80元

-同类书推荐-

《建筑工程吊装实例教程 》　　　　　　　　　　辛士军 主编

　　本书遵循国家与地方有关规范，以通俗易懂、简明实用为原则，介绍起重知识，并根据不同施工环境，提供更具体的吊装方法。本书可供施工管理人员、结构吊装人员、起重工学习参考，也可作为相关专业高等院校师生的参考用书。

　　书号：978-7-111-34901-3　　　　定价：29.80元

《建筑工程加固技术实例教程》　　　　程选生 刘彦辉 宋术双 编

　　本书共分五章，包括：绪论，混凝土结构的加固技术，砌体结构的加固技术，地基基础的加固技术，钢结构的加固技术等。本书紧密结合我国现行加固规范，详细介绍了混凝土结构、砌体结构、地基基础和钢结构的加固技术，指出了施工注意事项，同时结合工程实例阐述了建筑工程理论。本书可供建筑工程施工技术人员、现场管理人员以及相关专业大中专院校的师生学习和参考。

　　书号：978-7-111-34886-3　　　　定价：28.00元

《建筑工程索赔实例教程》　　　　　　李锦华 李东光 主编

　　建设工程索赔管理是工程项目合同管理的重要组成部分，对工程项目建设的成败有着重要影响。建设工程索赔管理是一项体现现代科学技术的多学科交叉的管理工作，涉及技术理论、合同法律、工程经验、商务、金融等诸多方面。良好的索赔管理对业主和承包商的利益保护是非常重要的。

　　书号：978-7-111-35168-9　　　　定价：24.00元

《建筑工程施工机械实例教程》　　　　　　　　　包昆 主编

　　本书可作为从事建筑工程施工、安装、监理以及相关工程技术人员选择、使用建筑工程施工机械的参考和培训资料，也可作为建筑工程相关专业大中专院校学生的教学参考书。

　　书号：978-7-111-36686-7　　　　定价：48.00元

读者调查问卷

亲爱的读者:

感谢您对机械工业出版社建筑分社的厚爱和支持,并再次对您填写并寄出(或传真或E-mail)下面的读者调查问卷表示由衷地感谢!

请邮寄到: 北京市百万庄大街22号机械工业出版社　建筑分社　收　邮编10003

电话或传真: 010—68994437　E-mail: cmpjz2008@126.com

读者调查问卷

姓名			性别	□男 □女			年龄	
有效联系方式		地址				邮政编码		
	电话	手机/小灵通			网络	Email		
		住宅				QQ/MSN		
		办公室				其他方式		
现从事专业			从事现专业时间			所学专业		
现有职称		□建筑师 □建筑工程师 □土木工程师 □结构工程师 □建造师 □公用设备工程师 □咨询工程师 □房地产估价师 □城市规划师 □设备监理师 □造价工程师 □电气工程师 □安全工程师 □房地产经纪人 □化工工程师 □其他						
教育程度		□初中以下 □技校/中专/职高/高中 □大专 □本科 □硕士及以上						
个人平均月收入(元)		□1000以下 □1000~2000 □2000~3000 □3000~5000 □5000~8000 □8000~12000 □12000以上						
购书名称								
本书购买决定		□书店 □网上书店 □邮购 □上门推销 □其他						
促使您决定购买直接原因		□内容 □书名 □封面 □现场人员推荐 □报纸/期刊广告 □电视/网络广告 □同事/同行/朋友推荐 □其他						
您愿意收到与您职业/专业相关图书的信息					□愿意 □不愿意			
您有何建议?								

注: 1. 可选择项目用笔在□划"√"即可。

　　2. 对信息填写完整的读者,我们将努力为您的职业发展提供更多量身定做的贴心服务(如提供相关职业图书信息,机械工业出版社及其合作伙伴的信息或礼品等)。